中小学科普经典阅读书系

李毓佩

神奇的方程之旅

李毓佩\著

长江出版传媒 | 长江文艺出版社

图书在版编目（CIP）数据

李毓佩. 神奇的方程之旅 / 李毓佩著. -- 武汉 : 长江文艺出版社，2022.11
（中小学科普经典阅读书系）
ISBN 978-7-5702-2590-3

Ⅰ. ①李… Ⅱ. ①李… Ⅲ. ①方程－青少年读物 Ⅳ. ①01-49

中国版本图书馆 CIP 数据核字(2022)第 049169 号

李毓佩. 神奇的方程之旅
LI YUPEI SHENQI DE FANGCHENG ZHILV

责任编辑：马菱药　　责任校对：毛季慧
设计制作：格林图书　　责任印制：邱　莉　胡丽平

出版：长江出版传媒 | 长江文艺出版社
地址：武汉市雄楚大街 268 号　　邮编：430070
发行：长江文艺出版社
http://www.cjlap.com
印刷：湖北恒泰印务有限公司

开本：640 毫米×970 毫米　1/16　印张：9.75　插页：1 页
版次：2022 年 11 月第 1 版　2022 年 11 月第 1 次印刷
字数：63 千字

定价：26.00 元

经·典·阅·读·书·系

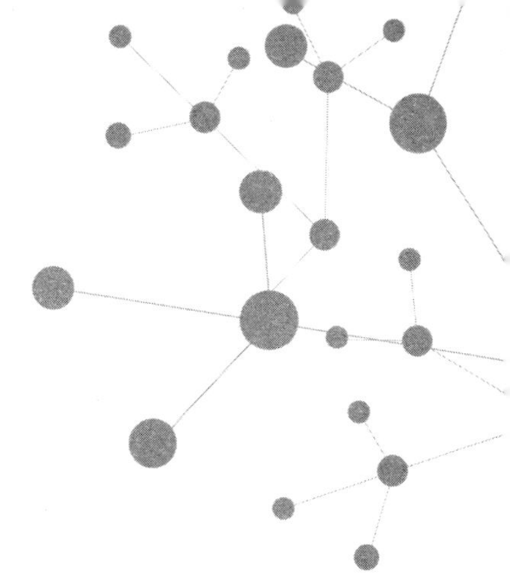

总　序

叶永烈

放在你面前的这套“中小学科普经典阅读书系”，是从众多科普读物中精心挑选出来的适合中小学生阅读的科普经典。

少年强，则中国强。科学兴，则中国兴。广大青少年，今天是科学的后备军，明天是科学的主力军。在作战的时候，后备力量的多寡并不会马上影响战局，然而在决定胜负的时候，后备力量却是举足轻重的。

一本优秀、生动、有趣的科普图书，从某种意义上讲，就是这门科学的“招生广告”，把广大青少年招募到科学的后备军之中。

优秀科普图书的影响，是非常深远的。

这套“中小学科普经典阅读书系”的作者之一高士其，是中国著名老一辈科普作家，也是我的老师。他在美国留学时做科学实验，不慎被甲型脑炎病毒所感染，病情日益加重，以至全身瘫痪，在轮椅上度过一生。他用只有秘书、亲属才听得懂的含混不清的“高语”口授，秘书记录，写出一本又一本脍炙人口的科普图书。他曾经告诉我这样的故事：有一次，他因病住院，一位中年的主治大夫医术高明，很快就治好了他的病，令他十分佩服。出院时，高士其请秘书连声向这位医生致谢，她却笑着对高士其说：“应该谢谢您，因为我在中学时读过您的《菌儿自传》《活捉小魔王》，爱上了医学，后来才成为医生的。”

这样的事例，不胜枚举。

就拿著名科学家钱三强来说，他小时候的兴趣变幻无穷，喜欢唱歌、画画、打篮球、打乒乓、演算算术……然而，当他读了孙中山先生的重要著作《建国方略》（一本讲述中国发展蓝图的图书）后，深深被书中描绘的科学远景所吸引，便决心献身科学。他属牛，从此便以一股子“牛劲”钻研物理学，成为核物理学家，成为新中国“两弹一星”元勋、中国科学院院士。

蔡希陶被人们称为“文学留不住的人”，尽管他小时候酷爱文学，写过小说，但是当他读了一本美国人写的名叫《一个带着标本箱、照相机和火枪在中国的西部旅行的自然科学家》的记述科学考察的书后，便一头钻进生物学王国，后来成为著名植物学家、中国科学院院士。

著名的俄罗斯科学家齐奥科夫斯基把毕生精力献给了宇宙航行事业，那是因为他小时候读了法国作家儒勒·凡尔纳的科学幻想小说《从地球到月球》，产生了变幻想为现实的强烈欲望，从此开始研究飞出地球去的种种方案。

童年往往是一生中决定志向的时期。人们常说："十年树木，百年树人。"苗壮方能根深，根深才能叶茂。只有从小爱科学，方能长大攀高峰。"发不发，看娃娃。"一个国家科学技术将来是否兴旺发达，要看"娃娃们"是否从小热爱科学。

中国已经站起来，富起来，正在强起来。中国的强大，第一支撑力就是科学技术。愿"中小学科普经典阅读书系"的广大读者，从小受到科学的启蒙，对科学产生浓厚的兴趣，长大之后成为中国方方面面的科学家，担负中国强起来的重任。

2019 年 5 月 22 日于上海"沉思斋"

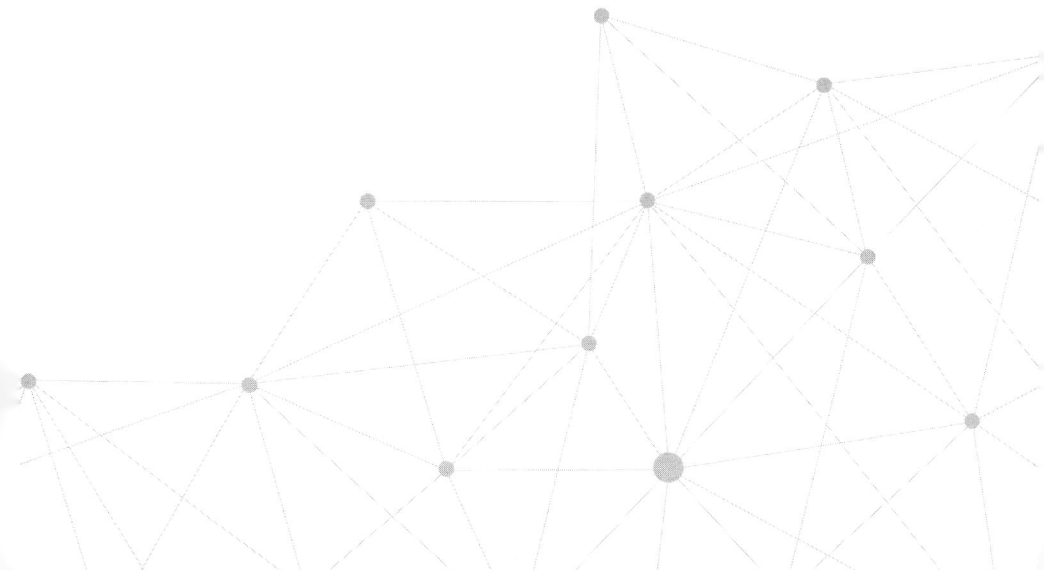

目 录

Contents

03 解方程的方法和技巧

04 怎样列方程

01

从变量说起

老虎追兔子

这是一道老虎追兔子的问题:

一只老虎发现离它10米远的地方有一只兔子,老虎马上扑了过去。老虎每秒钟跑20米,兔子每秒钟跑18米。问老虎要跑多远的路,才能追上兔子?

这道题目中把速度、距离都说清楚了,算起来比较容易。因为老虎跑得比兔子快,速度差为$20-18=2$,这样老虎追上兔子所需要的时间是$10\div2=5$

(秒)。 老虎跑的路程为 $20 \times 5 = 100$(米)。

答案是老虎要跑 100 米才能追上兔子，用的是算术方法。

把上面这道题稍微改一下：

一只老虎发现离它 10 米远的地方有一只兔子，老虎马上扑了过去。 老虎跑 7 步的距离，兔子要跑 11 步。 但是，兔子跑的频率快，老虎跑 3 步的时间，兔子能跑 4 步。 问老虎能不能追上兔子？ 如果能追上，它要跑多远的路？

在这个问题中由于速度和距离没有告诉我们，需要我们去求，再用算术方法就困难了。 我们来分析一下：

设老虎跑 7 步的路程为 x 米，则兔子跑完 x 米需要 11 步。要求速度还需要时间，因此又设老虎跑 3 步用了 t 秒，则兔子在 t 秒内跑了 4 步。这里的 x、t 不是具体的数，而是抽象的字母。

先来求速度。老虎 7 步跑了 x 米，每一步的距离是$\frac{x}{7}$米。另一方面，老虎在 t 秒内跑了 3 步，一步是$\frac{x}{7}$米，合 $3\times\frac{x}{7}$米。这样，老虎的速度 v_1 就可以求出来了，即

$$v_1=\frac{3x}{7}\div t=\frac{3}{7}\cdot\frac{x}{t},$$

同样，可以求出兔子的速度是

$$v_2=\frac{4}{11}\cdot\frac{x}{t}.$$

显然 v_1，v_2 具体是多少还不知道，但是，它们谁大谁小是清楚的。因为$\frac{x}{t}$是一个大于零的数，又因为$\frac{3}{7}>\frac{4}{11}$，所以 $v_1>v_2$。这说明老虎的速度比兔子快，老虎是可以追上兔子的。

再来解答第二部分问题：

设 s_1，s_2 分别代表老虎追上兔子时，老虎和兔子跑过的路程。t_0 表示老虎追兔子所需的时间。由于兔子在老虎前 10 米处，所以 $s_1=10+s_2$。

$\because\ s_1=v_1t_0,\quad s_2=v_2t_0,$

$\therefore \frac{s_1}{s_2}=\frac{v_1t_0}{v_2t_0}=\frac{3}{7}\cdot\frac{x}{t}\div\frac{4}{11}\cdot\frac{x}{t}=\frac{33}{28},$

即 $s_2=\frac{28}{33}s_1.$

将上式代入 $s_1=10+s_2$ 中，得

$s_1=10+\frac{28}{33}s_1,$

解得

$S_1=66$(米).

说明老虎要跑 66 米才能追上兔子。

你看，在上面解题过程中，老虎追兔子所花的时间、老虎和兔子的速度，始终没有求出具体的数来——实际上由所给的已知条件也不可能求出来。怎么办呢？我们通过它们的速度比，进一步得到路程比 $\frac{s_1}{s_2}=\frac{v_1}{v_2}=\frac{33}{28}$ 是一个定值，从而求出了结果。

我们知道，老虎也好，兔子也罢，实际上都不可能保持匀速前行。数学上在处理这类问题时，是把它“粗糙化”，具体到这一题，在老虎追兔子的过程中，我们把老虎和兔子的速度都看成是不变的量来计算。

“变”与“不变”是一对矛盾，生活和生产中没有一成不变的量。“不变”是暂时的，“变”才是永久的。数学中在处理“变”与“不变”这一对矛盾时，是把“变”暂时看作是“不变”。相对来说，处理不变的量比处理变量要容易。化“变”为“不变”是数学中化繁为简的重要手法。

实际上老虎是怎样追兔子的

上面所讲的老虎追兔子，过程都是简化了的。实际上，兔子也好，老虎也好，所跑的路径大多数不是直的。请看下题：

有一只兔子正在吃草，在兔子的正东 100 步有一只老虎。兔子知道大难临头，立即逃跑，想逃到离它正北 60 步的兔洞里，老虎也同时追赶过去。已知兔子的速度只等于老虎的一半，问老虎是否可以追到兔子?

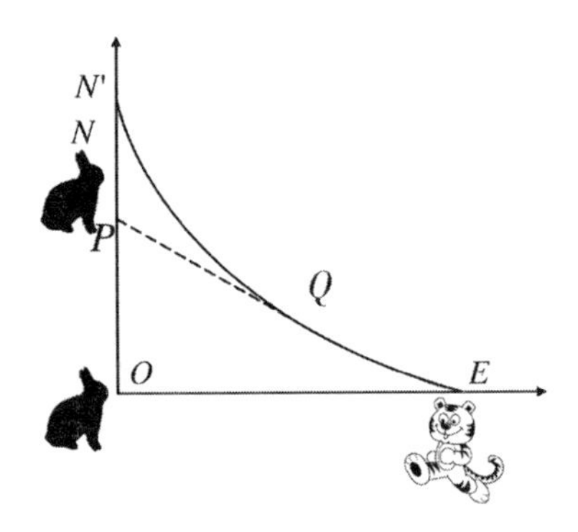

先建立直角坐标系，兔子开始的位置在原点 O，老虎在 E，N 为兔洞的位置。已知 $OE=100$ 步，$ON=60$ 步(如上图)。

兔子沿着 ON 方向朝北跑，老虎怎么跑?

你也许会说，老虎朝着兔子洞跑呗!

但是，老虎并不知道兔子洞在哪儿，老虎不可能预先跑到兔子洞去等着兔子。实际情况是，老虎追兔子时，是两眼死盯着兔子。老虎是根据兔子逃跑的路线来决定自己追赶的路线的。所以，老虎所跑的路线不是连接 E、N 两点的直线，而是曲线

EQN'。当兔子在 P 点时，老虎在曲线上的 Q 点，从 Q 点作曲线 EQN' 的切线，正对着兔子所在的 P 点，而 $OP=\frac{EQ}{2}$，这时可以列出曲线 EQN' 的方程(见下注)。由方程可以计算出，假如 60 步的地方没有兔子洞，兔子跑到 $66\frac{2}{3}$ 步时，兔子就要被老虎追上。幸好在 60 步处有一个兔子洞，老虎还没追上时，兔子已经钻洞了。结果老虎扑空了，兔子躲过了这场灾难!

注:

曲线 EQN' 的方程是

$$y=\frac{x^{1+c}}{2a^{c}(1+c)}-\frac{a^{c}x^{1-c}}{2(1-c)}+\frac{ac}{1-c^{2}},$$

其中 a 是兔子和老虎开始的距离，c 是兔子速度和老虎速度之比。具体到这道题 $a=100$，$c=\frac{1}{2}$，可以得到

$$y=\frac{x^{\frac{3}{2}}}{30}-10x^{\frac{1}{2}}+\frac{200}{3},$$

令 $x=0$，得 $y=ON'=66\frac{2}{3}$ 步。

量的鬼魂说

牛顿是17世纪的一位科学巨人。人们通常知道的牛顿，是一位大物理学家，他创立的牛顿力学体系，是经典物理学的支柱。但你可知道，身为大物理学家的牛顿，同时也是一位大数学家。在数学上，他发明了具有划时代意义的微积分。微积分的产生，标志着人类开始从常量数学向变量数学跨越，是数学对现代科学的重大贡献。可以毫不夸张地说，没有微积分就没有现代的科学技术。

牛顿是在研究一个物理问题时发明微积分的。这个问题是这样的：一个物体沿着直线 l 朝 x 方向做变速运动，它的速度随时随刻都在发生变化，求物体通过点 A 的瞬时速度(如下图)。

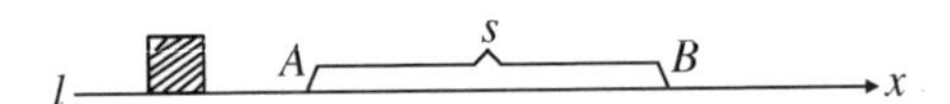

牛顿考虑，这个物体的速度随时随刻都在发生变化，要求出物体通过点 A 的瞬时速度，是十分困

难的。怎么办呢？应该先把“变”近似地变成“不变”，因为“不变”要比“变”简单多了。从“不变”入手去研究，正体现了数学上的“化难为易、化复杂为简单”的原则。具体到这个问题，“不变”是什么呢？“不变”就是“平均速度”，应该先从平均速度入手。方法是先测出物体从 A 点运动到 B 点所走过的路程 s，再计算出通过 s 所用的时间 t，则 $\frac{s}{t}$ 就是物体通过 A 点的平均速度。平均速度只是瞬时速度的近似值，是把“变”化成“不变”的一种方法。要提高近似程度，必须尽量缩短路程 s。这种用平均速度去逼近瞬时速度的方法，多么像用圆内接正多边形去逼近圆面积的方法啊！

必须清楚地看到：只要距离 s 不等于零，用 $\frac{s}{t}$ 算出来的平均速度总是和瞬时速度相差那么一点点！怎么办？干脆让 $s=0$ 吧！如果 $s=0$ 了，t 也必然等于 0，这时 $\frac{s}{t}$ 就变成为 $\frac{0}{0}$ 了。这可不成，零是不能作分母的呀！

牛顿认真分析了平均速度和瞬时速度的关系，提出了一种计算瞬时速度的新方法。下面我们不妨举一个简单的例子来说明这种新方法。

假设一个质点的运动规律是 $s=t^2$，这里 s 是路程，t 是质点通过这段路程的时间。给出时间 t 的一个增量，这个增量很小，用 Δt 来表示。比如我们要求第 2 秒末的瞬时速度，用 Δs 表示质点在 Δt 内所走的路程，则

$$\Delta s=(2+\Delta t)^2-2^2$$
$$=(2^2+2\times2\times\Delta t+(\Delta t)^2)-2^2$$
$$=4\Delta t+(\Delta t)^2.$$

在 Δt 秒内的平均速度 $\bar{v}$ 应该是：

$$\bar{v}=\frac{\Delta s}{\Delta t}=\frac{4\Delta t+(\Delta t)^2}{\Delta t}=4+\Delta t(\text{米/秒}).$$

牛顿心里很清楚，只要 Δt 不等于零，平均速度 $\bar{v}$ 总是带着一条小“尾巴”——Δt。正如拖着小尾巴的蝌蚪不去掉尾巴就永远变不成青蛙一样，不从平均速度中去掉 Δt，平均速度永远变不成瞬时速度。在别无他路时，牛顿采取了果断措施，大胆地令最后结果中的 $\Delta t=0$，割掉了平均速度的“尾

巴”，让“不变”再回到“变”中去。

令 $\Delta t=0$，则$\bar{v}=4+\Delta t$ 就变成 $v=4$(米/秒)了。牛顿用这种方法求出了许多变速运动的瞬时速度，其数值和试验结果都相符合。

牛顿求瞬时速度的方法，推动了数学和物理的研究，也遭到教会中反动势力的攻击。1734 年，英国出版了爱尔兰大主教贝克莱写的《分析学者——致不信神的数学家》一书，书中攻击牛顿发明的求瞬时速度的新方法。

贝克莱说，牛顿在求瞬时速度的过程中，首先用 Δt 除了等式的两边。因为数学上规定零不能作除数，所以作为除数的 Δt 不可能等于零；可是牛顿最后又采取割尾巴的方法，令 Δt 等于零。这样一来，在同一个问题中，Δt 一会儿是零，一会儿又不是零，这不自相矛盾吗？ Δt 既然代表时间，它应该是一个数值。这个忽而是零，忽而又不是零，虚无缥缈、漂泊不定的数值 Δt，不正是我们教会里所说的鬼魂吗！不过它不是消失了肉体的人的鬼魂，而是消失了数量的量的鬼魂。

贝克莱对牛顿的攻击，完全是为了维护教会的神权统治。他说的什么“量的鬼魂”，纯粹是胡言乱语。但是，贝克莱却提出一个值得思考的问题：Δt 到底是不是零？

驳倒贝克莱

牛顿从平均速度出发，求出了运动物体的瞬时速度。但是，牛顿没说清楚 Δt 是不是零，以致被大主教贝克莱钻了空子，胡说 Δt 是什么消失了数量的“量的鬼魂”。

前面提到，牛顿在求第 2 秒末的瞬时速度时，

首先得到的是平均速度 $\bar{v}$，即

$$\bar{v}=\frac{\Delta s}{\Delta t}=4+\Delta t,$$

Δt 是一串越来越小的数值：1 秒、0.1 秒、0.01 秒、0.001 秒……相应地得到平均速度$\bar{v}$的一串数值：5 米/秒、4.1 米/秒、4.01 米/秒、4.001 米/秒……

随着 Δt 越来越接近于零，平均速度$\bar{v}$越来越接近4 米/秒，就像 0.9、0.99、0.999、0.9999……越来越接近 1 一样，它们可以接近到“你要多近有多近”“你说多近，可以近到比你说的还近”。0.9、0.99、0.999、0.9999……最后的趋向值是 1；5 米/秒、4.1 米/秒、4.01 米/秒、4.001 米/秒……最后的趋向值就是 4 米/秒。

从 Δt 的变化过程中，可以清楚地看到，虽然 Δt 的值越来越小，但是它始终没有取零。因此，在求平均速度时，可以放心地拿 Δt 去除 Δs，这时平均速度$\frac{\Delta s}{\Delta t}$总是有意义的。

在 Δt 趋于零的过程中，瞬时速度是平均速度的趋向值。既然允许0.9、0.99、0.999……最后的趋向值是1，而且写成0.999……=1，那么5米/秒、4.1米/秒、4.01米/秒……的趋向值就应该是4米/秒。所以把第2秒末的瞬时速度取为4米/秒，就没有什么不合理的。$v=4$ 米/秒是在一个无限过程中求出来的。

微积分是牛顿和德国数学家莱布尼兹，于17世纪后半叶分别独立创立的。微积分创立的初期，侧重于它的算法和应用，而对它的理论基础研究得还不够。当时的数学家无法对贝克莱的“量的鬼魂说”做出解释，就反映出微积分基础理论的脆弱。微积分在没有可靠的理论基础下，度过了漫长的一个多世纪。但是，这样一门重要的数学分支，是不能长期建立在沙滩上的，必须给它建立起牢固的理论基础！

这个基础就是极限理论。

运动中的不动

运动是绝对的，是永恒的。那么运动中有没有

不动呢？

数学中有一个著名的“不动点问题”。

什么是不动点呢？

我们先来看几个现象：给你一根皮筋，端点是 A、B。你把它拉长，新的端点是 C、D。你一撒手，皮筋又缩回去了。只要 A、B 点落在 C、D 之间，那么皮筋上至少有一点，在拉伸过程中是不动的。

上面这种现象，用刻度相同的一长一短两把尺子，更能说明问题。令这一长一短两把尺子的刻度对在一起，只要短尺子的刻度不超过长尺子的刻度，你会发现，大多数的刻度线是对不齐的；但是必存在一点，在这点上，两把尺子的刻度线是对齐的。这个使刻度对齐的点就是不动点。

当你用勺子去搅动杯子里的咖啡时，你会发现，咖啡在杯子里形成漩涡，好像都在动似的。但是，可以肯定，至少有一点，在这点咖啡是不动的。这种现象在台风中也是存在的。台风是一个直径可达上千米的大旋涡，这个旋涡的边缘空气能以每秒 30 米的速度运动，破坏力极大。但是在台风的中心却一丝风也没有，这就是俗称的台风眼。台风眼就是不动点。

有些生活中的不动点是不易被察觉的。比如，你早上 7 点从家里出发去学校，7 点半到达学校，晚上在学校住。第二天早上 7 点，你从学校回家，按原路返回，7 点半准时到家。这里就出现了一个奇怪的现象：无论你在来回路上以怎样的速度行走，你可以时快时慢任意改变速度，甚至可以走一会停一会儿，但在途中必存在一点 M，你来回两次经过 M 的时刻 t 完全相同！

解释这个现象也不难，假如你和孙悟空一样有“分身术”，有两个你分别从家里和学校同时出发，沿着同一条路线相向而行，又在同一时刻到达目的地，那么途中的两个你必然相遇，相遇点就是 M 点，相遇的时刻就是 t。

变与不变是对立的，又是统一的。在变化中寻求不变，用不变来掌握变，是数学家追求的目标。因为只有不变量，才能更深刻地刻画出变化的规律。由此，数学许多分支的研究重点之一，就是花大力气寻找该分支的不变量。

从虚无中创造出万有

从虚无中创造出万有，说这话的有神经病吧？不，这是一位地位显赫的大学教授说的，他不但说了，而且还给出了数学上的“证明”。

这个人是意大利比萨大学的哲学和数学教授、僧侣格兰第(1671 年—1742 年)。一天，他在给学生上课时说：“虚无在数学上就是 0，我能从 0 中变出无数个数字来。好了，现在我就来说明如何从虚无中创造出万有。”下面是格兰第教授的“证明”：

先设 x 等于 0，它是虚无，则有

$$x=0=1-1+1-1+1-1+\cdots\cdots$$
$$=(1-1)+(1-1)+(1-1)+\cdots\cdots$$

格兰第教授说，我可以让 x 等于 1，1 是实有，你看：

$$x=1-1+1-1+1-1+\cdots\cdots$$
$$=1-(1-1)-(1-1)-\cdots\cdots$$
$$=1-0-0-\cdots\cdots$$
$$=1.$$

格兰第教授接着说，我还可以让 x 等于 $\frac{1}{2}$。请看：

$$x=1-1+1-1+1-1+\cdots\cdots$$
$$=1-(1-1+1-1+1-\cdots\cdots)$$
$$=1-x,$$

解方程 $x=1-x$，

得 $x=\frac{1}{2}.$

此时格兰第教授得意极了，他对学生说：“你随便说一个数，我都能从 0 中把它创造出来！”

一个学生说：“我要你创造出625来！”

“容易！”格兰第教授说，“你不就是要我推算出 $625=0$ 吗？你看好了！”格兰第随手在黑板上写出：

$\because 625=625$,

$625\cdot x=625\cdot x$,

$625\times(1-1+1-1+\cdots\cdots)=625\times(1-1+1-1+\cdots\cdots)$, $625\times[1-(1-1)-(1-1)-\cdots\cdots]=625\times[(1-1)+(1-1)+\cdots\cdots]$,

$625\times1=625\times0$,

$\therefore\ 625=0$.

格兰第教授指着黑板说：“看！我不是从0中创造出625来了吗？”

格兰第教授的这套把戏，把同学们看得目瞪口呆。

这是怎么回事呢？原来，这是由于有限项和的性质与无限项和的性质有本质的不同。对于有限项和来说，你给它添加括号，只要添加得合理，计算出的结果总是相同的。但是对于无限和来说就不一样了，你在不同的部位添加括号，所得的结果也不同，可以产生很多答案。

对无限和的这个奇妙性质，一些世界著名的数学家开始也犯错误。比如，17 世纪德国大数学家莱布尼兹说：

$$1-1+1-1+1-1+\cdots\cdots=\frac{1}{2}.$$

他还给这个错误的结果找到一个理由。莱布尼兹说，父亲有两个儿子，他把一件宝物传给两个儿子。给谁呢？给谁也不合适。干脆，一个儿子保存一年，这样计算下来，每个儿子分得了一半宝物，即得到了$\frac{1}{2}$——这样计算当然是错误的。

02

方程的特点和运用

等式、相等和方程

周老师在黑板上写了三个式子：

$3=3$，　$x+1=3$，　$3=2$；

然后问道：“这三个式子都是等式吗？”

小于嘴快，说：“$3=3$ 和 $x+1=3$ 是等式；$3=2$，左 3 右 2，两边不相等，它不是等式。”

不少的同学点头表示同意。没有想到老师说：“$3=2$ 也是等式！”

这是怎么回事呢？

经过一番讨论，大家才弄明白：原来在数学上，是把用等号连结两端的式子叫作等式。 $3=2$ 是一个用等号连结起来的数学式子，所以它也是一个等式。 等式和相等是两码事!

等式可以分为三种：

① $3=3$，等号两端总是相等，这种等式叫作绝对等式；

② $x+1=3$，只有 $x=2$ 的时候，两端才能相等，这种等式叫作条件等式；

③ $3=2$，等号两端不相等，是一个假等式。 一般假等式，习惯上用不等号来表示，写成 $3>2$。

方程是等式，是含有未知数的等式，是条件等式。

要是能找到一个数，用它来代替未知数，使得方程由条件等式变成为绝对等式，这个数就是方程的解。

一元方程的解又叫作根。 例如在方程 $x-5=6$ 中，当 $x=11$ 的时候，可以使条件等式 $x-5=6$，变成绝对等式 $11-5=6$，11 就是方程的根。

连等到底和各不相干

小于抓紧时间做题。小勇扭头一看，不禁“哎呀”一声，说：“你做的这是什么题呀？”

“解方程啊。”

“哪有这样解方程的？”

原来小于是这样写的：

$$\because\ 1=4+2\left(\frac{x}{2}-2\right)=4+x-4=x,$$

$$\therefore\ x=1.$$

“我这样做不对吗？”

“当然不对了。解方程，等号不能连着写！”

“为什么等号不能连着写？”

这一问，倒把小勇问住了。

周老师在旁边听见了，高兴地说：“这个问题很重要，我们一起来研究一下。”

老师在黑板上写了一个方程叫小于上去做。小于做得很快：

$$1=7+2(x-2)=7+2x-4=2x+3.$$

他擦掉最右端的 3，再把最左端的 1 改成 -2，得到

$$-2=7+2(x-2)=7+2x-4=2x.$$

他又把最右端的 $2x$ 改成 x，把最左端的 -2 改成 -1，得到

$$-1=7+2(x-2)=7+2x-4=x.$$

小于向老师报告结果说：“$x=-1$。”

“既然 $x=-1$，你把式子里的 x 都用 -1 替换下来，再算一遍看。”

小于按着老师的要求一算，得到

$-1=7+2(-1-2)=7+2(-1)-4=-1$；

再一算，得到

$-1=1=1=-1.$

怎么-1 等于 1 了？ 小于觉得自己错得太奇怪了。

老师说：“代数式的恒等变形，等号可以连着写下去；解方程，可不能照此处理！ 看来小于同学错在‘眉毛胡子’一把抓了。”老师伸手做了一个抓的样子，同学们都笑了。

接着，老师边写边说：“你们看化简代数式$(2x^2-5x)-(x^2-4x)+(5x^2-2)$。

原式$=2x^2-5x-x^2+4x+5x^2-2$

$=(2x^2-x^2+5x^2)+(-5x+4x)-2$

$=(2-1+5)x^2+(-5+4)x-2$

$=6x^2-x-2.$

“代数式的恒等变形，等号可以连等到底，是因为每后一个代数式的值和前一个代数式的值，总是相等的。 不信，你们用任何实数去代替式子中的x，算出每一个代数式的值，一定都相等。 这就是说，在恒等变形的过程中，可以不断地在代数式内做并项、消项和约项的运算，只要不随便丢掉一项，也不凭空增加一项，值就不会发生变化。

“解方程就不同了。解方程的目的，是把未知数和已知数分离开来。在分离过程中，需要把含有未知数的项移到等号的一端，把已知数移到等号的另一端。这样一移，代数式的值就改变了，所以不能用等号连写到底。

“小于同学在解算过程中，当算到 $1=7+2(x-2)=7+2x-4=2x+3$ 的时候，用 -1 去代替 x，各代数式的值还都等于 1。可是，当他把最右边的 3 移到最左边之后，最左边已经变成 -2 了，而夹在中间的代数式没变，这怎么能相等哩！”

小于根据老师讲的道理，把题目重新做了一遍：

解方程：$1=7+2(x-2)$。

解：展开，$1=7+2x-4$。

移项，$2x=-2$，得 $x=-1$。

老师说：“这就对了。你要记住两句话：恒等变形的时候，等号的用法是连等到底；解方程的时候，等号的用法是各不相干。”

天平和方程

书上讲等式，有用天平做比喻的。今天，周老师真的带了一架天平来，大声问道：“天平是天平，方程是方程，请大家想一想，怎样用天平称东西来比喻解方程？”

大家刚安静下来，小于举手了。他说：“我觉得解方程和用天平称东西的道理是相同的。东西的重量和未知数一样，我们事先并不知道。称东西要不断增加或者减少砝码，直到天平两边平衡为止；解方程要不断做加减乘除的运算，直到得出未知数的值为止。”

小于说完后，很多同学点头同意，可小勇没点头。为什么呢？因为他想到自己在做题中犯过的错误，觉得应该好好想一想。想着想着，他不觉摇了摇头。

老师看见了，问道：“小勇同学，你是不是不同意小于同学的看法？”

“是的。我觉得用天平称东西来比喻解方程不合适。”

“为什么呢？”

“我们解方程，从一开始就认为等号两边是相等的；解方程的每一步，都是根据等式的性质进行的。可是，称东西就不同了。开始的时候，天平不平衡，两边的重量是不相等的；在调整砝码的过程中，天平两边也始终是不相等的；直到最后一步，天平才平衡，两边才相等。这两件事是不一样的。”

老师高兴地点了点头，说："小勇同学考虑问题很细致，用天平称东西和解方程是不相同的。一个是把不相等的量变为相等，一个是对等量关系进行运算，找到适合等量关系的未知数的值。"说着，他拿出了一些砝码，把砝码分成两份，放在天平的两边，这时天平恰好平衡。

老师接着说："这两份砝码一样重，其中有一个砝码没有标明重量，谁能够把这个砝码的重量称出来？在称的过程中，要求天平始终保持平衡。"

又是小于先举手。他走到天平前，从两边的盘中各找到一个重量相同的砝码，小心地同时把它们拿下来，天平仍然保持平衡。他这样一次一次地往下拿，天平也始终保持平衡。最后，两边各剩下一个砝码了，他看了看有标记的砝码的重量，对老师说："这个没标重量的砝码是 20 克。"

小于刚要走，老师问："你再说说这种称法，和解方程的道理是否相同？"

小于想了一会说："道理是相同的。这个没有标明重量的砝码，就是方程中的未知数。我每次从两边拿下等量的砝码，就如同从方程两边减去相同的数。 在往下拿砝码的过程中，天平始终保持平衡，就像利用等式的性质解方程。”

老师说：“答得很好。 用天平称东西比喻解方程，要这样来理解才是恰当的。 看来你已经弄清楚了解方程为什么不能连等到底了。”

在老师的指点下，大家得到了一条重要的结论：今后，不管是列方程，还是解方程，一定要明确这是对两个相等的量说的。 列方程，是找到两个量之间的相等关系，再根据这个相等关系，列出一个等式来。 解方程，是按等式性质，对方程进行运算，最后求出未知数的值。

方程有“分身”的本领

周老师来到教室，大家争着问：“老师，解方程的好方法是什么？”

老师说：“是什么？ 三个字——‘分身法’。”

分身法？ 同学们你看看我，我看看你，都说：

“没有学过这种解法。”

老师笑了，说：“你们学过用过不知多少次了，还说没有学过。既然忘了，我再给你们讲一次。看过《孙悟空大闹天宫》的同学一定还记得，孙悟空与哪吒交手的时候，从身上拔下一把猴毛，用嘴一吹，每根猴毛都变成一个孙悟空，一大群孙悟空把哪吒团团围住。孙悟空的这种本领叫作分身法。方程嘛，它也有分身的本领。

“你们看，二次方程 $x^2-1=0$，一分身，就变成为 $(x-1)(x+1)=0$ 了。这个二次方程分成为两个一次方程以后，它的两个根一下就求出来了。”

“噢，原来方程的分身法，就是用因式分解的方法解方程，那我们会了。”

“会了？那我问你们，为什么用因式分解的方法，就可以把一个次数高的方程，分成几个次数低的方程来解呢？”

大家不吭声了。隔了一会，老师说：“又不会了吧。这是因为有零的‘同化’作用。什么是零的同化作用呢？几个数连乘，比如 $3\times(-5)\times\frac{2}{7}\times$

108，只要各个乘数中不包含有零，乘积一定不是零。可是，只要有一个零挤进乘数的行列，不管别的乘数是多是少，是大是小，乘积立刻就被它一扫而光，成为零了。

“这个道理，同样适用于方程。当一个方程的右端是零，而左端可以分解成几个因式连乘的时候，只要其中有一个因式等于零，方程立刻就变成 $0=0$ 了。这就是说，能够使任一个因式等于零的未知数的值，必定是原方程的一个根。

“比如解三次方程 $x^3-6x^2+11x-6=0$。它的左端：

$$x^3-6x^2+11x-6$$

$$=x^3-(x^2+5x^2)+(5x+6x)-6$$

$$=(x^3-x^2)-(5x^2-5x)+(6x-6)$$

$$=x^2(x-1)-5x(x-1)+6(x-1)$$

$$=(x-1)(x^2-5x+6)$$

$$=(x-1)(x-2)(x-3).$$

“你们看，原来的三次方程变成三个一次方程的连乘了，就是$(x-1)(x-2)(x-3)=0$。

“这样，原来的三次方程的根，就可以由 $x-1=0$，$x-2=0$，$x-3=0$，求得 $x_1=1$，$x_2=2$，$x_3=3$。”

教室里没有声音，大家都在想因式分解和 0 的美妙关系，直到老师提出“用因式分解的方法解方程有什么好处”后，这才热闹起来。有的同学说是“简单好用”；有的同学说是“不容易错”。

老师说：“都对，可是没有说到点子上。主要的好处是降次。”

“为什么呢？”

“因为方程的次数越高，越不好解。用因式分解的方法，可以把一个次数高的方程，化成几个次数低的方程来解。上面的例子，就是通过因式分解，把一个三次方程化成为三个一次方程来解的。

“这是一个窍门：要是一个方程可以用因式分解的方法来解，那就应该首先考虑用这种方法去解。”

小勇问：“用因式分解的方法解方程，关键是什么呢？”

小于说：“这还不清楚？关键当然是分解因式。”

老师说：“分解因式常用的方法，有提取公因式法、分组分解法、分裂中项法、十字相乘法等等。可是给你一道题，让你分解因式，一开始，你并不知道用什么方法能分解出来，这就需要根据代数式的特点，选择适当的方法进行分解。因式分解需要一定的经验和技巧。能不能说这是关键呢？我看可以。

“事实上，有些因式分解的题目，甚至连著名的

数学家也做不出来。比如分解 x^4+a^4，十七世纪德国大数学家莱布尼兹就不会分解，是后来英国数学家戴劳把它分解成 $(x^2+\sqrt{2}ax+a^2)(x^2-\sqrt{2}ax+a^2)$ 的。戴劳的方法是这样……”说着，老师在黑板上写：

$$\begin{aligned} x^4+a^4 &= (x^4+2a^2x^2+a^4)-2a^2x^2 \\ &= (x^2+a^2)^2-(\sqrt{2}ax)^2 \\ &= [(x^2+a^2)+\sqrt{2}ax][(x^2+a^2)-\sqrt{2}ax] \\ &= (x^2+\sqrt{2}ax+a^2)(x^2-\sqrt{2}ax+a^2). \end{aligned}$$

最后，老师提出两点要大家注意：

1. 因式分解有时候很难，这使得用因式分解的方法解方程受到很大限制，所以在解方程的时候，也经常要用到别的解法。

2. 用分身法比喻分解因式，很像用天平称东西来比喻解方程，并不很恰当，所以也有一个解释的问题。正确的解释是什么？请你们抽空想一想。

了解方程的“脾气”

这次数学考试，不少同学解方程的题没有做

好。今天，周老师针对大家犯错误的主要原因，给大家讲了一次关于方程的“脾气”。大家听得格外用心。

老师说：“人有脾气，方程也有脾气。方程有什么脾气呢？这就是它对自己的根，要求非常严格：不是它的根，多一个也不要；是它的根，少一个也不成。你们解方程，可要留神啊！不然的话，方程就要发脾气，说你解得不对，给你打个大叉。

“你们看这次考试的一道题。解方程：$(x+1)(x-2)=2(x-2)$。有的同学，一上来就用 $x-2$ 除方程的两边，得 $x+1=2$，求出 $x=1$。

“方程看到这个答案，发脾气了，说把它的根给解丢了。检查一下，原来 $x=2$ 也是方程的根，真的给解丢了。

“再看考试的这道题。解方程：$\frac{x^2-1}{x-1}=3$。有的同学，一上来就用 $x-1$ 乘方程的两边，得 $x^2-1=3(x-1)$。展开，整理，得 $x^2-3x+2=0$。分解因式，得 $(x-2)(x-1)=0$。解得 $x_1=2$，$x_2=1$。

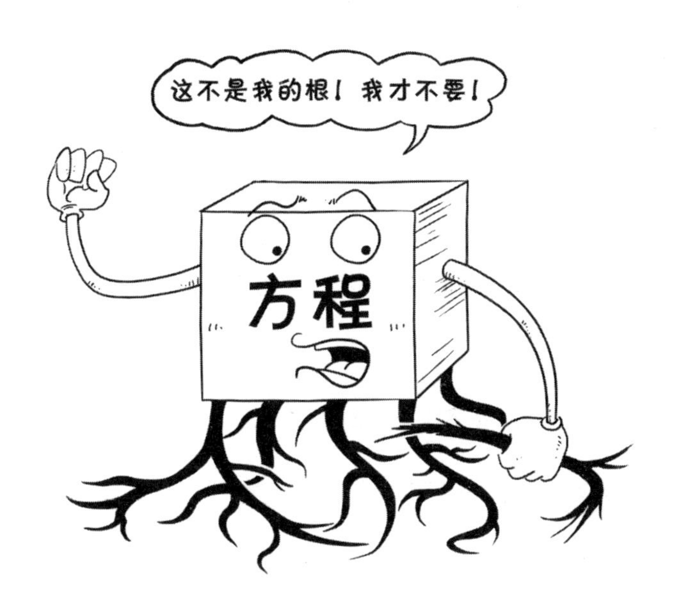

“方程看了这个答案，又发脾气了，说这两个根中有一个是假的。

“把 $x_1=2$、$x_2=1$ 代入原方程，发现 $x=2$ 合适，而 $x=1$ 会使分母变为零，可见 $x=1$ 是混进来的增根。

“解方程如果不小心，有时会增根，有时会丢根。为了不招惹方程发脾气，解完方程以后，一定要验验根！

“验根也有困难。增根好办，只要把解出来的根，依次代入原方程，凡是使两边的值不相等的，就一定是增根。可是，把根丢了，到哪里去找啊，这就要求我们知道什么步骤会引起增根，什么步骤会引起丢根，然后想办法防止增根和丢根。”

同解方程不用验根

周老师今天和同学们谈家常了。他说：“我有两个孩子，叫大宝和小宝，都在念初中。

“国庆节那天，我送给大宝和小宝每人一包书，他们没有打开看，就放进了自己的抽屉。

“大宝问小宝：‘爸爸给你几本书？都是什么书？’

“小宝把头一扬，说：‘爸爸早告诉我了，有好多本，都特别有意思，可我就是不告诉你。要是你把你的书拿出来我看看，我……’

“大宝也把头一扬，说：‘爸爸也早告诉我了，我的书可比你的多，而且一本比一本棒。可是呀，我也不告诉你。’

“小宝不放心了。他嚷着，来找我，非要弄个水落石出不可。

“我没有直接回答他的问题，只是说：‘凡是大宝有的书，你都有；反过来，凡是你有的书，大宝也都有。你说说，你们俩的书谁多呀？’

“小宝这下高兴了，说：‘我们俩的书一样多。’

“‘不光一样多，你想想，还能说明什么呀？’

“小宝答不出来了。大宝说：‘我知道。我们俩的书不仅一样多，而且品种也一样。’

“‘那是为什么呢？’

“大宝说：‘你说凡是小宝有的书我一定有，这就是说，小宝的书不可能比我多，只可能是我比小宝的书多。可是，你又说凡是我有的书小宝一定有，这就肯定我的书不会比小宝的书多了。这样一来，我们俩的书就是一模一样了。’

“后来，哥俩打开两包书一看，果然一模一样。”

老师讲完这个比书的故事后说：“这个道理，很像同解方程。

“什么是同解方程呢？甲乙两个方程，凡是甲方程的解，一定是乙方程的解；反过来，凡是乙方程的解，也一定是甲方程的解，这甲乙两个方程就叫作同解方程。

“在解方程过程中，只要你能够从始到终，保证后一个方程和前一个方程是同解方程，那么，最后解出来的全部的解，就一定是原方程的所有的解，一个不多，一个不少，你也就不需要再验根了。”

“啊，同解方程，不用验根！”大家称赞老师的故事讲得好。

抓罪魁祸首

今天讨论增根和减根。

小于说：“解方程，要是出现了增根或者减根，就可以肯定方程的同解性遭到了破坏。”

小勇说：“这是结果。关键在于方程的同解性，是怎样遭到破坏的。”

小龚说：“方程的两边同时用含有未知数的式子去乘，就可能引起增根。上次考试，我就是一上来

用 $x-1$，去乘方程$\frac{x^2-1}{x-1}=3$的两边，结果产生了增根我还不知道。

“另外，方程两边同时平方，也可能引起增根。我在解方程$\sqrt{x-1}=7-x$的时候，两边同时平方，得

$x-1=49-14x+x^2$,

$x^2-15x+50=0$,

$(x-5)(x-10)=0$,

$x_1=5$，$x_2=10$.

“你们看，把 $x_2=10$ 代入原方程，得到了 $3=-3$ 的结果，可见 $x_2=10$ 是增根。”

小关说:“我来说说减根。 方程的两边同时用含有未知数的式子去除，或者方程两边同时开方，就可能引起减根。

“我在解方程$(x+1)(x-2)=2(x-2)$的时候，就是因为用含有未知数的式子$(x-2)$除了方程的两边，结果把根 $x=2$ 给除丢了。

“后来，我查了一下我的作业本，发现了好几处有丢根的错误。 比如我在解方程$(x+1)^2=(2x-1)^2$时，两边同时开方，得到 $x+1=2x-1$，再得到$x=2$。

可是 $x=0$ 也是原方程的根，给我开丢了。”

有人大声问：“为什么这样做会破坏方程的同解性，引起增根或者减根呢？”可是谁也不知道该怎样回答才好。

捣乱鬼——零

周老师早在后面听讨论了。他说：“这个问题问得好。凡事总有原因。破坏方程同解性，引起增根或者减根的罪魁祸首有两个：一个是零；一个是算术根。

“你们看我证明 $2=1$。

设 $x=y$。

用 x 同乘等式的两边，$x^2=xy$；

同减去 y^2，$x^2-y^2=xy-y^2$；

分解因式，$(x+y)(x-y)=y(x-y)$；

用 $(x-y)$ 除等式的两边，$x+y=y$。

因为 $x=y$，所以 $y+y=y$，

再用 y 除，得 $2=1$。

“2 等于 1 了！ 可我刚才是一步一步地推证出来的。 那问题出在哪儿呢？ 就出在用$(x-y)$除等式的两边这一步上。

“题设 $x=y$，$x-y$ 必然等于零，用零去乘或者除等式的两边，那问题就多了。 比如 $100=1$，这明明是假等式，两边不相等。 可是你用零去乘它的两边，$100\times0=1\times0$，立刻就变成 $0=0$，两边相等，成了绝对等式了。

“上面的证明，在用 $x-y$ 除等式之前，两边还是相等的。 这是因为 $x=y$，$x-y=0$，我们用 0 去替代等式中的 $x-y$，就得到$(x+y)\times0=y\times0$。 又因为 $x+y=2y$，这个式子实际上就是 $2y\times0=y\times0$。 当 $y\neq0$ 时，虽说 $2y\neq y$，由于有了零的同化作用，结果把它们都同化成零了。 这样，等式$(x+y)(x-y)=y(x-y)$，两边是相等的。

“一旦把起同化作用的零除掉了，就会出现 $2=1$ 之类的结论。 这使我们看到了，零在里面捣的什么鬼。

“零在解方程中，同样是个捣乱鬼。不过，它常常乔装打扮一番，偷偷地和你捣乱。你稍不注意，就会遭到它的暗算。

“比如解方程$(x+1)(x-2)=2(x-2)$。移项，得$(x+1)(x-2)-2(x-2)=0$。提取公因式，得$(x-2)[(x+1)-2]=0$，即$(x-2)(x-1)=0$。

“这样解，我们可以发现$x-2=0$，恰好是由原方程分解出来的一个一次方程。要是我们一上来用$x-2$去除，就把这个一次方程$x-2=0$给除掉了，也就把$x=2$这个根给丢了。

“再比如在方程$\frac{x^2-1}{x-1}=3$中，$x-1$在分母，不允许它等于零。要是你拿$x-1$乘了方程两边，这就把$x-1$由分母变到分子的位置上来了，也就取消了$x-1$不能等于零的限制！由$x-1=0$，得到$x=1$，它自然是增根了。

“总之，把可以等于零的因式除掉，把不可以等于零的限制取消，是引起丢根和增根的重要原因！”

算术根的问题，下次再讨论。

留神算术根

小勇他们正在争论两个问题。

一个问题是$x^2=4$，x等于多少？有的说$x=2$；有的说$x=\pm 2$。

另一个问题是$\sqrt{4}$等于多少？有的说$\sqrt{4}=2$；也有的说$\sqrt{4}=\pm 2$。

这两个问题，各有两个答案，究竟哪一个

对呢?

周老师说:“要正确回答这个问题,必须先搞清楚求方程的根和计算$\sqrt{4}$不是一回事。要是把它们搞混了,那就坏事了!

“$x^2=4$,x 等于多少? 意思是让你解这个方程,找出适合方程的所有的根。因为$2^2=4$,$(-2)^2=4$,所以$x=\pm2$是对的。

“4 的平方根有两个,2 和-2。可是在数学上,规定了$\sqrt{4}$只代表 4 的正平方根,即$\sqrt{4}=2$,并且给这类正的平方根取名叫算术平方根,简称算术根。这就是说,算术根都是正数,不能是负数。但是零的算术根是零。

“为什么要做这样的规定呢? 原因很简单。我们知道,四则运算,答数都是一个;开方也是一种运算,所以也需要规定它的答数只有一个。不这样规定,碰上有开方的题,答案很多,就乱套了。

“比如$\sqrt{4}+\sqrt{9}$,如果让$\sqrt{4}=\pm2$,$\sqrt{9}=\pm3$,这两个数相加能得出四个答数:

$2+3=5$;$2+(-3)=-1$;

$(-2)+3=1$；　$(-2)+(-3)=-5$.

“究竟取哪一个呢？

“同样，$\sqrt{4}+\sqrt{9}+\sqrt{16}$，会得出 8 个答数，这又取哪一个呢？

“为了使答数只有一个，必须规定算术根，使$\sqrt{4}=2$，$\sqrt{9}=3$，$\sqrt{16}=4$。这样，答数就只有一个了，$\sqrt{4}+\sqrt{9}=5$，$\sqrt{4}+\sqrt{9}+\sqrt{16}=9$。

“以后，我们遇到符号$\sqrt{a}$（$a\geqslant 0$）的时候，一定要记住它代表算术根，是一个正数，不能是负数；只有 $a=0$ 的时候，$\sqrt{a}$才等于 0。

“算术根很重要！忘了算术根，就会得出$-1=1$或者蚂蚁、大象一样重之类的谬论。

“$-1=1$ 是怎么来的？

“你们看，$2^2+3^2=3^2+2^2$。

“要是两边各减去 $2\times2\times3$。得

$2^2-2\times2\times3+3^2=3^2-2\times2\times3+2^2$。

“根据 $a^2-2ab+b^2=(a-b)^2$，有

$(2-3)^2=(3-2)^2$。

“两边开方，$\sqrt{(2-3)^2}=\sqrt{(3-2)^2}$，得

$2-3=3-2$。

“这就得到了 -1 等于 1。

“蚂蚁怎么会跟大象一样重呢？

“设蚂蚁重量为 x，大象重量为 y，$x+y=2V$。

“由 $x+y=2V$，移项得 $x-V=V-y$。

“两边同时平方，$(x-V)^2=(V-y)^2$。

“因为 $V-y$ 可以写成〔$-(y-V)$〕，所以

$(V-y)^2=〔-(y-V)〕^2=(y-V)^2$。

“这样，得 $(x-V)^2=(y-V)^2$。

“两边再同时开方，$\sqrt{(x-V)^2}=\sqrt{(y-V)^2}$，得到

$x-V=y-V$。

“因此有 $x=y$。

“这就得到了蚂蚁的重量等于大象的重量。

“问题出在哪儿呢？ 问题都出在算术根上。

“在第一个问题中，$\sqrt{(2-3)^2}$到底是多少？ 因为$\sqrt{(2-3)^2}$代表的是算术根，应该是一个正数。 而在上面的运算中，却取了 $2-3=-1$，实际上是取了它的负的平方根，这就闹出笑话来了。

“同样，在第二个问题里，$\sqrt{(x-V)^2}$也代表算术根，除掉零的算术根是零以外，都应该是正数。 $x-V$是不是正数呢？ 不是。 V代表蚂蚁与大象重量之和的一半，x代表蚂蚁重量，蚂蚁很轻，所以 $x-V$ 是个负数。 根据算术根的规定，$\sqrt{(x-V)^2}$不等于 $x-V$，而应该等于$V-x$。 可见这也是把算术根取成了负值，才闹出了这种违反常识的结论。

“再说一遍，解方程要特别注意算术根。

“比如解方程 $x^2=16$，得 $x=\sqrt{16}=\pm4$。 这样做对吗？ 不对。 错在哪儿呢？ 错在算术根上。 这道题的正确解法是 $x=\pm\sqrt{16}=\pm4$。

“再比如解方程$\sqrt{(x-5)^2}=1-2x$。 要是你这样

来做：因为$\sqrt{(x-5)^2}=x-5$，所以$x-5=1-2x$，得到$x=2$，那就错了。

“为什么错了呢？当你把$x=2$代入原方程检验的时候，会得到$\sqrt{(2-5)^2}=1-4$，即$3=-3$。

“是什么原因使3等于-3了呢？原来又错在算术根上。因为等式$\sqrt{(x-5)^2}=x-5$，只有在$x\geqslant5$时才成立，当$x=2$，左端$\sqrt{(2-5)^2}=\sqrt{(-3)^2}=\sqrt{3^2}=3$，而右端$x-5=2-5=-3$，两边显然不相等。正确的解法是：

“两边同时平方，$(x-5)^2=(1-2x)^2$。

“展开，$x^2-10x+25=1-4x+4x^2$。

“整理，$x^2+2x-8=0$。

“解得两个根$x_1=-4$，$x_2=2$。

“验算，$x=-4$是原方程的根，而$x=2$是增根。”

能免于检查吗？

小于说：“现在我明白了。解无理方程，为了

去掉根号，免不了要把方程的两边同时平方；解分式方程，为了去掉分母，也需要把方程两边同时用含有未知数的式子去乘。这样做，都可能产生增根，所以要注意验根。”

小龚说：“根多了可以去掉，丢了向哪里去找？”

小关说：“方程的两边同时开方，或者用含有未知数的式子除，都可能丢根。这真不好办！”

周老师说：“是不好办。多想想，想清楚了，也好办。比如解方程$(x+1)^2=(3-2x)^2$。

“解法一：两边同时开方，得$x+1=3-2x$，解得$x=\frac{2}{3}$。

“解法二：展开得$x^2+2x+1=9-12x+4x^2$，整理得$3x^2-14x+8=0$，代入二次方程求根公式，解得$x_1=\frac{2}{3}$，$x_2=4$。

“比较一下，解法一丢掉了$x=4$这个根。

“是不是开方一定会丢根呢？也不一定。请看解法三：

两端同时开方，$\sqrt{(x+1)^2}=\sqrt{(3-2x)^2}$。

取绝对值，$|x+1|=|3-2x|$。

去掉绝对值号、加±号，$x+1=\pm(3-2x)$。

取正号的时候，$x+1=3-2x$，$x_1=\frac{2}{3}$；

取负号的时候，$x+1=-(3-2x)$，$x_2=4$。

“这样做，虽然也开了方，可是没有丢根。

“为什么开方要取绝对值呢？ 我们不妨把解法一中丢掉的根 $x=4$，代入方程 $x+1=3-2x$ 算算：

$4+1=3-2\times4$，$5=-5$。 这当然不对了。 可是代入原方程$(x+1)^2=(3-2x)^2$ 算算：

$(4+1)^2=(3-2\times4)^2$，$25=25$。 合适。 原来开方时丢掉了一个方程 $x+1=-(3-2x)$，所以也就少了一个根。

“如果像解法三那样，开方的时候，在一端取正负号的话，就不会丢根了。 结论是解方程需要两边开平方，一定要在一端加上±号，免得丢根。

“用含有未知数的式子除方程两端，是怎样引起丢根的呢？ 比如方程$(x-1)^2=(x-1)$，也有三种

解法。

“解法一：用 $x-1$ 同除方程两边，得 $x-1=1$，即 $x=2$。

“解法二：展开，得 $x^2-2x+1=x-1$；整理，得 $x^2-3x+2=0$；解得 $x_1=2$，$x_2=1$。

“在解法一中，$x=1$ 被除丢了。可见遇到两端有公因式的时候，不能把公因式除掉。这时候可以用下面的解法三：

原方程，$(x-1)^2=(x-1)$，

移项，$(x-1)^2-(x-1)=0$。

提公因式，$(x-1)[(x-1)-1]=0$，

即 $(x-1)(x-2)=0$。

得 $x-1=0$，$x-2=0$；$x_1=1$，$x_2=2$。

“解法三告诉我们，遇到方程两边有公因式的时候，不能用除的方法把它去掉；而应该移项到一端，利用因式分解的方法来解，以免丢根。”

大家一边听，一边点头，称赞老师讲得好。

小勇问：“解方程，要是两边既没有平方，也没有开方；既没有用含有未知数的式子乘，也没有

除，是否可以放心了，解出来的根，不多也不少，就不用验根了呢？”

老师说：“还是不成！”他举了一个例子：

解方程$\sqrt{x-1}\sqrt{x+1}=\sqrt{x+5}$。

变形，$\sqrt{x^2-1}=\sqrt{x+5}$。

两边同时平方，$x^2-1=x+5$，

移项，$x^2-x-6=0$，

解得 $x_1=3$，$x_2=-2$。

“把 x_1 和 x_2 分别代入原方程，发现$\sqrt{x_2-1}=\sqrt{-2-1}=\sqrt{-3}$无意义，所以 $x_2=-2$ 是增根。

“这个增根是不是由两边平方引起的呢？不是。

“把方程$\sqrt{x^2-1}=\sqrt{x+5}$的两端平方，就相当于在方程$\sqrt{x^2-1}-\sqrt{x+5}=0$的两边，同乘以式子$\sqrt{x^2-1}+\sqrt{x+5}$。

$$(\sqrt{x^2-1}-\sqrt{x+5})(\sqrt{x^2-1}+\sqrt{x+5})$$

$$=(\sqrt{x^2-1})^2-(\sqrt{x+5})^2$$

$$=(x^2-1)-(x+5)=x^2-x-6,$$

这正是原方程经过平方、整理之后，左端的式子。

“对于新乘的式子$\sqrt{x^2-1}+\sqrt{x+5}$，不论 x 取什么值，它都不会等于零。所以，由它不会产生增根。

“原来这里的增根，是由$\sqrt{x-1}\cdot\sqrt{x+1}=\sqrt{x^2-1}$这个变形引起的。对于原方程的左端$\sqrt{x-1}\cdot\sqrt{x+1}$来讲，$x$ 是不能取 -2 的，x 取 -2，会使$\sqrt{x-1}=\sqrt{-3}$，$\sqrt{x+1}=\sqrt{-1}$。可是经过变形之后，$\sqrt{x-1}\cdot\sqrt{x+1}$变成$\sqrt{x^2-1}$了，而在$\sqrt{x^2-1}$中，$x$ 却可以取 -2 了。当 $x=-2$ 的时候，$\sqrt{x^2-1}=\sqrt{(-2)^2-1}=\sqrt{3}$是有意义的。

“可见方程产生增根还有一个原因，就是在变形中扩大了 x 取值的范围，使 x 取了本来不应该取的数值。

“总之，在解完无理方程或者分式方程以后，必须要验根，以防万一！”

（1）解方程$|x-1|=2$。

(2)解方程$|x-1|+|x-2|=1$。

(3)已知$(-2)^2=2^2$。两边同时开方$\sqrt{(-2)^2}=\sqrt{2^2}$,得到$-2=2$。请你想一想,错在哪里了。

参考答案

(1)解:去绝对值得$x-1=\pm 2$,

即$x=3$或$x=-1$。

(2)解:分以下情况讨论

① 当$x<1$时,去绝对值得

$-(x-1)-(x-2)=1, x=1$,与$x<1$矛盾。

②当$1\leqslant x<2$时,去绝对值得

$x-1-(x-2)=1$,即$1=1$,

等式恒成立。

③当$x\geqslant 2$时,去绝对值得

$(x-1)+(x-2)=1, x=2.$

综上,方程的解为$1\leqslant x\leqslant 2$。

(3)解:$\sqrt{(-2)^2}=\sqrt{2^2}=\sqrt{4}=\pm 2$

对$\sqrt{(-2)^2}$和$\sqrt{2^2}$开方都丢了根,所以错了。

03

解方程的方法和技巧

配方解难题

周老师在黑板上写了一道题要大家做：有一个正方形的城，不知道它的大小。南北两边正中间开门。出北门正北 20 步有一棵树；出南门直走 14 步，再转向正西走 1775 步，就开始看见这棵树。求这个城每边的长。

小勇他们讨论开了：有的说题意不清，有的说题意是清楚的，有的说这是几何题。

老师一边在黑板上画图，一边说："先按题意画个图，就好列方程了。图上 A 点是树，$AE=20$ 步，$FB=14$ 步，$BC=1775$ 步，要求的就是 $DG=?$”

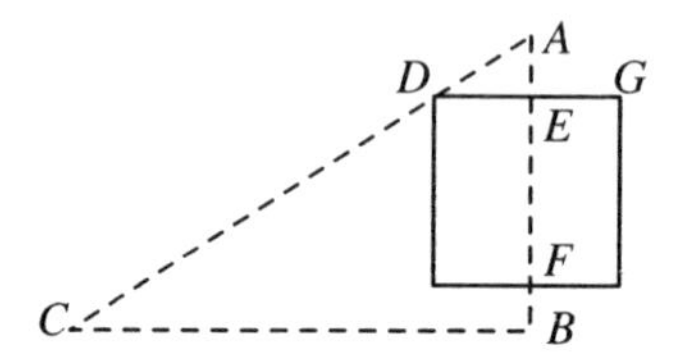

大家说：“这下好办了，那就设 $DG=x$。”

小于说：“E 是 DG 的中点，所以 $DE=\frac{1}{2}DG$。”

小勇说：“因为 $\triangle ADE\sim\triangle ACB$，所以 $\frac{AE}{AB}=\frac{DE}{CB}$。”

大家高兴了，争着说 $AE=20$，$DE=\frac{1}{2}x$，$CB=1775$，$AB=AE+EF+FB=20+x+14$，于是得到

$\frac{20}{20+x+14}=\frac{\frac{1}{2}x}{1775}$，这就是要列的方程了。

小勇在大家的帮助下，很快得到了 $x^2+34x-71000=0$。可是他们想用因式分解求根，算来算去

也没有成功。

老师笑了，说:“解一元二次方程的时候，要是分解因式有困难，那就应该改用配方法。任何一道有解的一元二次方程，都可以用配方法把它解出来!

“不会因式分解 $x^2+34x-71000$，可以这样配方来解:

$(x^2+2\times17x+17^2)-17^2-71000=0$;

$(x+17)^2=71289$;

$(x+17)^2=267^2$;

$x+17=\pm267$.

$x_1=-284$(舍去)，$x_2=250$.

“如果二次项的系数不是 1 时，可以先把二次项系数提取到括号外面；再以一次项系数的一半作为 m，按公式 $(x+m)^2=x^2+2mx+m^2$ 进行配方。

“想清楚了配方法的道理，再做一点不同类型的题，大家解一元二次方程的本领就加强了。”

通用的解题方法

周老师讲完了配方法后，小于问："老师说一元二次方程都可以用配方法求解，书上说一元二次方程都可以代入公式求解，这两种方法哪一种好呢？"

老师说："公式从哪里来的？它就是用配方法，对一般的一元二次方程进行配方和运算，得到的一个普遍适用的求根公式。有了这个求根公式，解方程就用不着配方，只要代入公式就成了。

"什么样的方程是一般的方程呢？以文字为系数的方程是一般的方程，对于一元二次方程来说，就是：

$$ax^2+bx+c=0.$$

"二次项系数 a 不能是零，否则就不成其为二次方程了。除 $a\neq0$ 外，a、b、c 可以表示任何实数。这样，它就代表了所有的一元二次方程。

"按照刚才说的要点，我们现在来对一般的一元

二次方程进行配方：

先提出二次项系数 a，得

$$a(x^2+\frac{b}{a}x+\frac{c}{a})=0.$$

再取一次项系数的一半$\frac{b}{2a}$作为 m，按公式$(x+m)^2=x^2+2mx+m^2$ 进行配方，得

$$a\left[x^2+2\times(\frac{b}{2a})x+(\frac{b}{2a})^2-(\frac{b}{2a})^2+\frac{c}{a}\right]=0,$$

$$a\neq0，则(x+\frac{b}{2a})^2-\frac{b^2}{4a^2}+\frac{c}{a}=0,$$

$$(x+\frac{b}{2a})^2=\frac{b^2-4ac}{4a^2},$$

$$x+\frac{b}{2a}=\pm\frac{\sqrt{b^2-4ac}}{2a},$$

$$x=\frac{-b\pm\sqrt{b^2-4ac}}{2a}.$$

“这就是一元二次方程的求根公式。”

小勇问：“用求根公式解方程还需要验根吗？”

老师说：“不用了。因为在推导这个公式的过程中，只有两边同时开方这一步会破坏同解性。可是在开方的时候，我们取了正负号，所以不会丢根，你尽可以放心好了。”

巧用求根公式

今天下午，周老师出了一道一元二次方程 $5x^2+34x-7=0$ 让大家做，看谁做得快。结果，小勇第一个做完，小关最后一个做完。老师看了，发现他们俩用的都是代入公式求解，答数也都对，可是方法有所不同。

老师先让小关到黑板上做了一遍：

$$x=\frac{-b\pm\sqrt{b^2-4ac}}{2a}$$

$$=\frac{-34\pm\sqrt{34^2-4\times5\times(-7)}}{2\times5}$$

$$=\frac{-34\pm\sqrt{1296}}{10}$$

$$=\frac{-34\pm36}{10}.$$

得 $x_1=\frac{1}{5}$，$x_2=-7$。

然后，小勇也在黑板上做了一遍：

$a=5$，$m=\dfrac{b}{2}=17$，$c=-7$。

$$x=\frac{-m\pm\sqrt{m^2-ac}}{a}$$

$$=\frac{-17\pm\sqrt{17^2-5\times(-7)}}{5}$$

$$=\frac{-17\pm\sqrt{324}}{5}$$

$$=\frac{-17\pm 18}{5}.$$

得 $x_1=\dfrac{1}{5}$，$x_2=-7$。

小关他们惊奇地问：“答数一样，可你为什么不直接代入求根公式？ 那个 m 是怎么来的？”

小勇说：“一元二次方程的求根公式，也不是一成不变的。 当它的一次项系数是偶数时，原方程可写成：

$$ax^2+2mx+c=0(a\neq 0).$$

这样，求根公式可以加以简化：

$$x=\frac{-b\pm\sqrt{b^2-4ac}}{2a}$$

$$=\frac{-2m\pm\sqrt{(2m)^2-4ac}}{2a}$$

$$=\frac{2(-m\pm\sqrt{m^2-ac})}{2a}$$

$$=\frac{-m\pm\sqrt{m^2-ac}}{a}.$$

“这就是简化了的求根公式。我刚才就是用这个公式计算的。”

老师说：“这样简化公式是正确的。碰上一次项系数是偶数，就可以用这个公式求解，又快又好。”

判别式未卜先知

周老师说：“一元二次方程的根的判别式很重要。它有点像《三国演义》中的诸葛亮，能神机妙算，未卜先知。”

小于不明白地问：“根的判别式有诸葛亮的本领？”

老师说：“一个一元二次方程是不是有根？如

果有根，是有两个不同的根，还是有两个相同的根？这些问题，并不是一定得把根求出来以后才知道。我们学会了用根的判别式，不用把根求出来，也能事先知道。

“在实数范围内，一元二次方程的根只有三种情况：一、有两个不同的实根；二、有两个相同的实根；三、没有实根。由一元二次方程求根公式就可以看到，方程的根属于哪种情况，只取决于根号里面 b^2-4ac 的值。数学上常用 Δ 来表示它，就是 $\Delta=b^2-4ac$。

当 $\Delta>0$ 的时候，$\sqrt{\Delta}$ 是一个正数，这时候方程有两个不同的实根；

当 $\Delta=0$ 的时候，$\sqrt{\Delta}$ 等于零，方程有两个相等的实根；

当 $\Delta<0$ 的时候，因为负数开平方没有意义，所以方程无解。

“解一元二次方程，最好先计算一下判别式 Δ。如果 $\Delta<0$，方程肯定无解，你就用不着再算了；如果 $\Delta=0$，方程的两个根 $x_1=x_2=-\frac{b}{2a}$；只有当 $\Delta>0$

的时候，方程才会有两个不同的实根，这时候，你再代入求根公式也不迟。这不是很有用吗？”

小勇问：“根的判别式还有别的用途吗？”

老师说：“当然还有。有些关于方程的证明题，就要用到根的判别式。举一个例子：

设 m、n 是两个不同的正数，试证 $(m^2+n^2)x^2+4mnx+2mn=0$ 没有实根。

“这道题没有必要去求根，利用根的判别式就可以证明：

$$\begin{aligned}\Delta &= b^2-4ac \\ &= (4mn)^2-4(m^2+n^2)(2mn) \\ &= 8mn(2mn-m^2-n^2) \\ &= -8mn(m^2-2mn+n^2) \\ &= -8mn(m-n)^2.\end{aligned}$$

“因为 $m>0$，$n>0$，$m\neq n$，所以 $(m-n)^2>0$，$\Delta<0$，这个方程没有实根。”

(1) a 等于什么，方程 $(5a-1)x^2-(5a+2)x+3a-2$

$=0$ 有等根。

（2）m 等于什么，方程 $2mx^2-2x-3m-2=0$ 有两个不相等的实根。

（3）当 a、b、c 为实数的时候，求证方程 $x^2-(a+b)x+(ab-c^2)=0$ 有两个实根，并求出这两个根相等的条件。

参考答案

（1）解：由题可得 $\Delta=(5a+2)^2-4(5a-1)(3a-2)=0$，即

$-35a^2+72a-4=0$，

则 $a=\dfrac{-72\pm\sqrt{72^2-4\times(-35)\times(-4)}}{-70}$，

$=2$ 或 $\dfrac{2}{35}$.

所以 $a=2$ 或 $\dfrac{2}{35}$ 时方程有等根。

（2）解：由题可知

$\Delta_1=(-2)^2-(4\times2m)\times(-3m-2)$

$=24m^2+16m+4$，

设 $24m^2+16m+4=0$，

$\Delta_2=16^2-4\times24\times4=-128<0$，

所以 $24m^2+16m+4>0$，

故当 $m\neq0$ 时，方程有两个相等实根。

(3) 证明：$\Delta=(a+b)^2-4(ab-c^2)=(a-b)^2+4c^2$，

$\because (a-b)^2\geqslant0, 4c^2\geqslant0$，

$\therefore \Delta\geqslant0$，

$\therefore$ 原方程必有两个实数根。

当 $\Delta=0$ 时，方程有两个相等的实数根，此时，

$a-b=0, c=0$，

即 $a=b, c=0$。

韦达定理用处多

今天下午讨论韦达定理，来的人特别多。

小勇问："韦达定理十分简洁好用，韦达是怎样发现这个定理的？ 他是什么时候、什么国家的人？"

老师说："韦达是十六世纪的法国数学家。 他

是最早用字母代替数字的人之一。这就为他发现方程的根和系数关系的定理，创造了有利的条件。拿一元二次方程来说，如果你仔细研究一下求根公式的话，你会发现：

$$x_1=\frac{-b+\sqrt{b^2-4ac}}{2a},\ x_2=\frac{-b-\sqrt{b^2-4ac}}{2a}.$$

要是把两根相加，就可以把带根号的部分抵消掉：

$$x_1+x_2=\frac{-b+\sqrt{b^2-4ac}}{2a}+\frac{-b-\sqrt{b^2-4ac}}{2a}$$

$$=-\frac{b}{a}.$$

两根相乘，就可以使分子有理化：

$$x_1\cdot x_2=\frac{(-b+\sqrt{b^2-4ac})(-b-\sqrt{b^2-4ac})}{4a^2}$$

$$=\frac{c}{a}.$$

“特别是当方程的二次项系数等于 1 的时候，可以得到根和系数之间更加简单的关系：

$x^2+px+q=0$，

$x_1+x_2=-p$， $x_1\cdot x_2=q$.

“这就是有名的一元二次方程的韦达定理。”

小于问：“韦达定理有什么用呢？”

老师说：“韦达定理不论是解方程，还是研究方程的性质都很有用。”

从这里开始，老师不断提出问题，指点大家来认识韦达定理的用处，会场的气氛就更加活跃了。

“谁能看出方程 $x^2-5x+6=0$ 的根？”

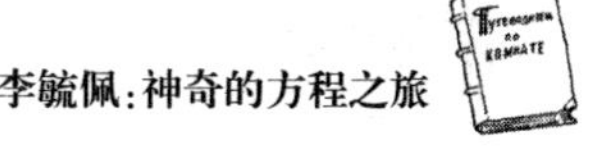

小勇说："一个是3，一个是2。"

"你怎样看出来的呢？"

"因为这个一元二次方程的二次项系数是1，一次项和常数项系数又很简单，这就可以看出一个根是3，一个根是2。"

"为什么是这两个数呢？"

"因为$2\times3=6$，$2+3=5$嘛。"

"这就是两根之和等于一次项系数的相反数；两根之积等于常数项。你用的就是韦达定理啊。可见利用韦达定理，可以观察出一些一元二次方程的根。

"在方程$x^2-px+36=0$的系数中，有一个未知数p，又知道这个方程的两个根相等，谁能把p求出来？"

小勇眉头一皱，计上心来，说："因为两根的积是36，相等的两根之和是p，所以$p=2(\pm6)=\pm12$。"

"对！"老师在黑板上又写出一道题：

已知方程$x^2-px+36=0$的两个根x_1和x_2，能满

足$\frac{1}{x_1}+\frac{1}{x_2}=\frac{5}{12}$，求$p$值。

小勇看了，觉得这道题和上面一道题是同一种类型，也可以用韦达定理来求，就在黑板上算起来：

由$\frac{1}{x_1}+\frac{1}{x_2}=\frac{5}{12}$，得$\frac{x_1+x_2}{x_1 \cdot x_2}=\frac{5}{12}$。

由韦达定理，$x_1+x_2=p$，$x_1 \cdot x_2=36$，代入上式，得$\frac{p}{36}=\frac{5}{12}$，所以$p=15$。

老师说：“对！ 韦达定理的第二个用处是，知道方程$x^2+px+q=0$两根之间的某种关系，可以求出系数p和q的值。

“我再来考你一道题。 不许解方程$x^2-x-4=0$，求$x_1^2+x_2^2$和$\frac{1}{x_1^3}+\frac{1}{x_2^3}$的值。”

小勇一时做不上来，小于他们见了，都开动脑筋，在下面出主意：

$x_1+x_2=1$，$x_1 \cdot x_2=-4$；

$$x_1^2+x_2^2=(x_1+x_2)^2-2x_1x_2$$

$$=1^2-2(-4)=9.$$

只听小勇“啊”了一声，很快做了起来：

$$\frac{1}{x_1^{\ 3}}+\frac{1}{x_2^{\ 3}}=\frac{x_1^{\ 3}+x_2^{\ 3}}{x_1^{\ 3}\cdot x_2^{\ 3}}$$

$$=\frac{(x_1+x_2)(x_1^{\ 2}-x_1x_2+x_2^{\ 2})}{(x_1\cdot x_2)^3}$$

$$=\frac{(x_1+x_2)[(x_1^{\ 2}+x_2^{\ 2})-x_1x_2]}{(x_1\cdot x_2)^3}$$

$$=\frac{1\times[9-(-4)]}{(-4)^3}=-\frac{13}{64}.$$

老师高兴了，说：“看来你们合作解题的本领不小。这道题告诉我们，韦达定理的第三个用处是：已知二次方程，求它的两个根的齐次幂的和。”

“什么叫‘齐次幂’啊？”

“齐次幂就是每一项中的未知数的指数和都相同。

“怎么样？大家帮助小勇再做一道题。”

设方程 $x^2-px+q=0$ 的两根为 x_1 和 x_2，并且这两个根都不等于零。不许解方程，求以 $x_1^{\ 2}+\frac{1}{x_2^{\ 2}}$和 $x_2^{\ 2}+\frac{1}{x_1^{\ 2}}$为根的新方程。

老师看大家做不出来，请小勇坐下后，说：

“这是 1956 年北京市中学生数学竞赛题，做法是这样的：

由韦达定理，$x_1+x_2=p$，$x_1\cdot x_2=q$，设所求新方程为$x^2-p'x+q'=0$；再用韦达定理，又可以得到

$$p'=(x_1^2+\frac{1}{x_2^2})+(x_2^2+\frac{1}{x_1^2})$$

$$=(x_1^2+x_2^2)+(\frac{1}{x_1^2}+\frac{1}{x_2^2})$$

$$=(x_1^2+x_2^2)+\frac{x_1^2+x_2^2}{(x_1\cdot x_2)^2}$$

$$=\frac{(x_1^2+x_2^2)[(x_1\cdot x_2)^2+1]}{(x_1\cdot x_2)^2};$$

而 $x_1^2+x_2^2=(x_1+x_2)^2-2x_1x_2=p^2-2q$。

因此，$p'=\frac{(p^2-2q)(q^2+1)}{q^2}$。

$$q'=(x_1^2+\frac{1}{x_2^2})(x_2^2+\frac{1}{x_1^2})$$

$$=(x_1\cdot x_2)^2+2+\frac{1}{(x_1\cdot x_2)^2}$$

$$=(x_1x_2+\frac{1}{x_1x_2})^2=(q+\frac{1}{q})^2.$$

新方程是

$$x^2-\frac{(p^2-2q)(q^2+1)}{q^2}x+(q+\frac{1}{q})^2=0.$$

“韦达定理的第四个用途是：已知一个二次方程，求作一个新的二次方程，使得两个方程的根满足某种关系。

“当然，韦达定理的用途不止这四个方面。随着知识的增长，你们还会发现韦达定理在其他方面的用途。”

学孙悟空七十二变

小勇他们挤在一起解方程：$x^2-2x-2+\frac{6}{x^2-2x-2}=7$。

小龚说：“如果去掉分母，就成四次方程了，四次方程我们不会解，怎么办？”

小于说：“方程善变，所以我们要学孙悟空有七十二变的本领。要不然，它一变样子，我们就不会做了。”

小关说：“对。那天我请教老师这道题，他说了一句话，我一下就做出来了。”

“老师说了一句什么话？”

“把 x^2-2x-2 整个看作一个未知数。”

小于“啊”了一声说：“我明白了，下命令叫 $y=x^2-2x-2$，原方程就变成为 $y+\frac{6}{y}=7$。

“两边同乘以 y，得 $y^2-7y+6=0$。这是一个二次方程。”

没等小于做完，小龚说：“一个根是 6，一个根是 1，问题解决了。”

小关说:“求出来的是y值，题目还没有做完，要求出原方程的x值才行。

“因为y值是两个，代入原方程，可以得到两个一元二次方程：一个是$x^2-2x-2=6$；另一个是$x^2-2x-2=1$。分别解这两个方程，才能求出原方程的根。”

大家动手，很快求出：

$x_1=4$，$x_2=-2$，$x_3=3$，$x_4=-1$。

有人高声说:“这个方程有-1、-2、3、4四个根。”

小龚说:“还不能下结论。”

“为什么？”

“因为解方程的时候，我们用y同乘了两边，也就是用x^2-2x-2同乘了两边。这样做可能会增根，必须要验根才行。”

检验结果，-1、-2、3、4都是原方程的根。

小勇一直没说话。他说:“我也在琢磨方程的变化。比如这

$x^4-7x^2+6=0$，

$2x^6-14x^3+12=0$,

$x-7\sqrt{x}+6=0$,

$\sqrt[3]{x^2}-7\sqrt[3]{x}+6=0$,

就都可以转化成 $y^2-7y+6=0$ 来求解。”

大家高兴地说：“这倒是个琢磨方程变化的好办法！”

(1)作一个二次方程，要它有一个根等于0。

(2)证明方程 $x^2+bx+ac=0$ 的根，是方程 $ax^2+bx+c=0$ 的根的 a 倍。

(3)法国数学家笛卡儿，曾把一元四次方程 $x^4-4x^3-19x^2+106x-120=0$，分解成 $(x-2)(x-3)(x-4)(x+5)=0$。你知道他是怎样分解的吗？

(4) a 取哪些值，可以使方程 $x^2+ax+1=0$ 和 $x^2+x+a=0$，有一个共同的根。

(5)设方程 $2x^2-x-2=0$ 的根为 α、β，求 $\frac{\beta^2}{\alpha}+\frac{\alpha^2}{\beta}$

的值。

(6)解方程 $\sqrt{\frac{x+9}{x}}+\frac{4}{\sqrt{\frac{x+9}{x}}}=4$。

参考答案

(1)解:对方程 $ax^2+bx+c=0$ 而言,

只要 $c=0$,则它一定有一根为 0,

如 $x^2+x=0$。

(2)证明:设方程 $x^2+bx+ac=0$ 的根为 x_1、x_2,方程 $ax^2+bx+c=0$ 的根为 y_1、y_2。

根据韦达定理,有

$$x_1+x_2=-\frac{b}{1}=-b,$$

$$y_1+y_2=-\frac{b}{a},$$

所以 $\frac{x_1+x_2}{y_1+y_2}=\frac{-b}{-\frac{b}{a}}=a.$

得证方程 $x^2+bx+ac=0$ 的根,是方程 $ax^2+bx+c=0$ 的根的 a 倍。($a=0$ 的情况不做讨论。)

(3)解:$x^4-4x^3-19x^2+106x-120$

$=(x^2-2x)^2-23x^2+106x-120$

$=(x^2-2x)^2-23(x^2-2x)+60(x-2)$

$=(x-2)[x^2(x-2)-23x+60]$

$=(x-2)(x^3-2x^2-23x+60)$

$=(x-2)[x^3-3x^2+(x^2-23x+60)]$

$=(x-2)[x^2(x-3)+(x-20)(x-3)]$

$=(x-2)[(x^2+x-20)(x-3)]$

$=(x-2)[(x-4)(x+5)(x-3)]$

$=(x-2)(x-3)(x-4)(x+5)$

故原命题得证。

(4)解:$x^2+ax+1=0$ ①

$x^2+x+a=0$ ②

①-②得 $ax+1-x-a=0$,

即$(a-1)(x-1)=0$,

$a=1$ 或 $x=1$。

将 $x-1$ 代入①或②得 $a=-2$,

所以 $a=1$ 或 $a=-2$ 时,两方程有同样的根。

(5)解:根据韦达定理,$\alpha+\beta=-\frac{-1}{2}=\frac{1}{2}$,$\alpha\beta=\frac{-2}{2}=-1$,

所以$\frac{\beta^2}{\alpha}+\frac{\alpha^2}{\beta}=\frac{\beta^3+\alpha^3}{\alpha\beta}$

$$=(\alpha+\beta)\frac{\alpha^2-\alpha\beta+\beta^2}{\alpha\beta}$$

$$=(\alpha+\beta)\frac{(\alpha+\beta)^2-3\alpha\beta}{\alpha\beta}$$

$$=\frac{1}{2}\times\frac{(\frac{1}{2})^2-3\times(-1)}{1}$$

$$=-\frac{13}{8}.$$

(6)解:原方程可化为

$$(\sqrt{\frac{x+9}{x}})^2-4\sqrt{\frac{x+9}{x}}+4=0,$$

即$(\sqrt{\frac{x+9}{x}}-2)^2=0$,

所以$\sqrt{\frac{x+9}{x}}=2$,

得$\frac{x+9}{x}=4$,

故 $x=3$。

解三次方程的故事

小勇他们问："一元二次方程有求根公式，一元三次方程也有求根公式吗？"

周老师说："有啊。"

"那为什么我们不学呢？"

"一元三次方程的求根公式又叫作卡尔丹公式。卡尔丹公式比较麻烦，使用不便，一般书上都不讲。"

"卡尔丹公式是卡尔丹发现的吗？"

"虽说叫卡尔丹公式，可事实上并不是他首先发现的。这里面还有一段故事哩。"

大家一听有故事，可高兴了，就要老师讲故事。

"这是好几百年前的事了。

"十六世纪初，法国派兵入侵意大利，见人就杀，见东西就抢。在意大利布列斯契城有一个叫尼

科罗的小男孩，他父亲被杀死了，他脸上也挨了一刀，舌头被砍坏了。

“尼科罗虽然在母亲的细心照料下活了下来，可是结结巴巴，再也说不清楚话了。‘结巴’的意大利语是‘塔塔利亚’。从此，人们就把尼科罗叫塔塔利亚，他的真名倒逐渐被人遗忘了。

“塔塔利亚从小热爱学习，可是家里很穷，没有钱上学读书，他就顽强地靠自学来增长自己的知识。他特别喜欢数学，没有纸，就跑到附近的公墓去，在墓碑上进行演算。刻苦学习的塔塔利亚，终于成了一位数学家。

“那时候欧洲盛行一种公开的数学争辩。塔塔利亚与大数学家费奥里约定，在1535年2月22日举行公开争辩。这一天，两个数学家同时来到公证人面前，每人带了三十道数学题，互相交换题目，规定在五十天内，谁解得多，谁就胜了。

“那时的数学家还只会解一元二次方程，一元三次方程不会解。费奥里给塔塔利亚出了三十道一元三次方程的题，想难倒他。五十天的期限到了，塔塔利亚当着众人的面，只用了两个小时，就把三十道题全部解出来了。可是费奥里对塔塔利亚出的三十道几何和代数题，一道也没做出来。

“塔塔利亚获得全胜的消息，很快传遍了意大利。许多人要求塔塔利亚公布他解一元三次方程的方法，但是他守口如瓶，只是答应将来把解法发表在自己的数学著作里。

“意大利数学家卡尔丹听到了这个消息，很想获得塔塔利亚解一元三次方程的秘密。经过一番周折，塔塔利亚把一元三次方程的解法告诉给了他。后来，卡尔丹就把解一元三次方程的公式写进了自

己的《大法》一书，公开发表了。

“从此，人们就把解一元三次方程的公式叫作卡尔丹公式。”

“那为什么不把卡尔丹公式改称为塔塔利亚公式呢？”

老师说：“我不知道别人怎么回答这个问题。我觉得塔塔利亚有了发现，不肯发表是不对的。卡尔丹虽然失信于塔塔利亚，没有代为保密，但是他在指出了谁是发现人之后，把它公布出来是对的。看来更为重要的原因，是卡尔丹并非照搬塔塔利亚的发现，而是做了重要的改进。有兴趣的同学，可以查看一下数学史上的记载，再自己去做结论。”

五次方程有求根公式吗？

小勇他们还想听故事，问道：“四次、五次以上的方程，是不是也有求根公式呢？”

老师说：“卡尔丹公式公布以后，数学家又找到了一元四次方程的求根公式。可是，当人们继续去寻求一元五次方程的求根公式时，却遇到了困难。

“经过了三百年的努力，人们一直也没能找到一元五次方程的求根公式。1824年，挪威22岁的青年数学家阿贝尔，提出了一个惊人的结论：一元五次以上的方程，求根公式根本就不存在！怪不得人们花费了那么长时间都没有找到，原来根本就没有。”

“没有求根公式，那以后遇到了一元五次以上的方程怎么解呢？”

老师说：“有的五次以上的方程，可以转化为四次以下的方程来解；不能转化的，可以用一些特殊的方法，求出它们的近似根。”

流传很广的百鸡问题

公鸡每只五元，母鸡每只三元，小鸡三只一元。现在，要用一百元买一百只鸡，问可买公鸡、母鸡、小鸡各多少只？

周老师说：“这是我国著名的百鸡问题，最早见

于公元六世纪的《张丘建算经》。书中没有给出详细的解法，只有答案。

“这道题和一元二次方程不同了，它要求的未知数不是一个，而是三个。

“设公鸡为 x 只，母鸡为 y 只，小鸡为 z 只。根据题意，列出方程组

$$\begin{cases} x+y+z=100 \\ 5x+3y+\frac{1}{3}z=100 \end{cases}$$

“这个方程组的未知数有三个，方程却只有两个，未知数的个数多于方程的个数，这叫不定方程。百鸡问题是世界上最早出现的不定方程

之一。”

“不定方程怎样解呢？”

“由于不定方程的未知数个数多，所以在解方程的时候，可以先把其中任意一个或者几个未知数，移到方程的右端，比如把这个方程组中的 z 移到右端，得到

$$\begin{cases} x+y=100-z \\ 5x+3y=100-\frac{1}{3}z \end{cases}$$

然后，再根据题目的条件，给 z 一些适当的数值，就可以算出 x、y 相应的值来。

比如令 $z=78$，得

$$\begin{cases} x+y=22 \\ 5x+3y=74 \end{cases}$$

解得 $x=4$，$y=18$。这就是说，用一百元可以买4只公鸡、18只母鸡和78只小鸡。

“如果令 $z=81$，可以得到方程组的另一组解：$x=8$，$y=11$。

“这个例子告诉我们：如果未知数的个数大于方程的个数，这个方程的解往往不是唯一的，而是可

以有很多组。不定方程的名字就是这样得到的。”

小勇问：“那不定方程就该有无穷多组解了？”

“不一定。这要根据题目的条件来定。在百鸡问题中，只能考虑鸡数是正整数，所以除上面提到的两组解外，还有12只公鸡、4只母鸡和84只小鸡一组解。

“要是我们令z的值小于78或者大于84，就会得出鸡数是负数；要是令z取78和84之间的其他数，鸡数又会出现小数。负数和小数只鸡怎么买？

“要是我们不考虑问题的条件限制，一般来说，不定方程应该有无穷多组解。”

老师最后说：“百鸡问题在我国民间流传很广，以后又陆续出现了一百个和尚分一百个馒头、一百匹马拉一百块砖等问题，这些都是由百鸡问题演变出来的。”

两个圈相交的部分

“什么是方程的解？什么是方程组的解？这

两个‘解’字的意思是一样的吗？”

大家觉得周老师的这个问题问得奇怪，不知道该怎么回答才好。有人不觉说了一句“恐怕差不多”。

老师笑了，说：“表面上看来，方程的解和方程组的解好像没有什么太大的差别。仔细想想，它们是不同的。”

“区别在哪儿呢？”

“方程，是一个含有未知数的等式。能够使方程两端相等的未知数的值，全部是方程的解。方程组呢？它是由几个不定方程组成的，每个不定方程都可能有无穷多组解。在这无穷多组解当中，哪些是方程组的解呢？比如：

$$\begin{cases} 2x-y=5 & ① \\ x+2y=10 & ② \end{cases}$$

它由不定方程①和②组成。①和②都有无穷多组解。

$2x-y=5$ 的整数解是：

x	……	1	2	3	4	5	……
y	……	−3	−1	1	3	5	……

$x+2y=10$ 的整数解是：

x	……2	4	6	8	10	……
y	……4	3	2	1	0	……

“你们看，两组中的 $x=4$、$y=3$ 是公有的解。它既可以使方程①成立，同时又可以使方程②成立。 $x=4$、$y=3$ 可以使两个方程同时成立，按定义，它就是方程组的解。 这样看来，方程组的解，应该是各个不定方程的解的公共部分。”

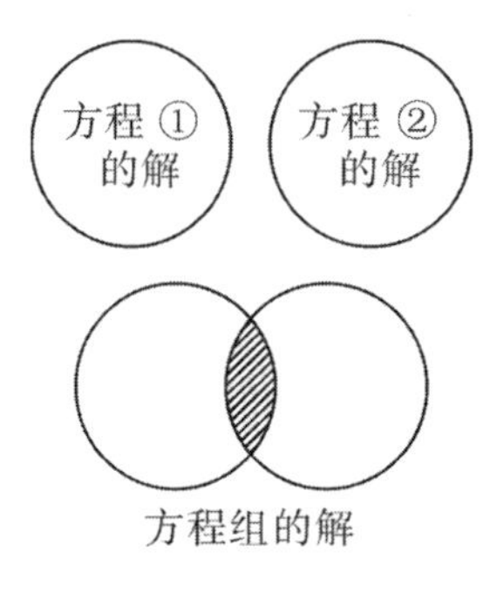

方程组的解

老师在黑板上画了两个相交的圆圈，然后说：“我们把每个不定方程的无穷多组解，都用一个圆圈表示，方程组的解就是两个圈相交的有黑线的部分！”

解方程组的关键

什么是解方程组的关键呢？ 这是小勇他们都很关心的问题。

周老师说：“关键在于消元。”

周老师接着解释：“元就是未知数。 通过消未知数，把多元的方程组变成为一元的方程。 常见的消元方法有代入消元法和加减消元法。 解方程组的技巧，主要表现在消元的方法上。 你们看这个八元一次方程组：

$$
\begin{cases}
x_1+x_2+x_3=6 & ① \\
x_2+x_3+x_4=9 & ② \\
x_3+x_4+x_5=3 & ③ \\
x_4+x_5+x_6=-3 & ④ \\
x_5+x_6+x_7=-9 & ⑤ \\
x_6+x_7+x_8=-6 & ⑥ \\
x_7+x_8+x_1=-2 & ⑦ \\
x_8+x_1+x_2=2 & ⑧
\end{cases}
$$

“乍一看，这个含有八个未知数的方程组，消元恐怕不很容易。仔细一看，竖着看的每一列都是由 x_1 到 x_8 组成。要是把方程组从①到⑧加起来，就会得到

$3(x_1+x_2+x_3+x_4+x_5+x_6+x_7+x_8)=0$，

即 $x_1+x_2+x_3+x_4+x_5+x_6+x_7+x_8=0$。

“再仔细一看，方程①中含有 x_1、x_2、x_3；方程④中含有 x_4、x_5、x_6；方程⑦中含有 x_7、x_8、x_1。要是把方程①④⑦相加，就会得到

$(x_1+x_2+x_3+x_4+x_5+x_6+x_7+x_8)+x_1=1.$

括号里面相加等于零。所以 $x_1=1$。

再把方程②⑤⑧相加，又会得到

$(x_1+x_2+x_3+x_4+x_5+x_6+x_7+x_8)+x_2=2$，所以 $x_2=2$。

“把 x_1、x_2 代入方程①，可以解出 $x_3=3$。

“用同样的办法，很快就可以求出 x_4、x_5、x_6、x_7、x_8 的值。”

大家睁大眼睛看着，心想这种消元法真好。

小勇问:“方程组中的每个方程都是不定方程，

每个不定方程都有无穷多组解，为什么通过消元法得出来的解，就一定是它们的公共部分呢？”

老师说：“问得好。不经过仔细考虑，就不会想到这个问题。举个例子来看。对于方程组

$$\begin{cases} 2x-y=5 \\ x+2y=10 \end{cases}$$

来讲，假定它的解是 $x=a$，$y=b$。把 a、b 代入方程组，必然使每个方程的两边都相等：

$$\begin{cases} 2a-b=5 & ① \\ a+2b=10 & ② \end{cases}$$

“因为在等式①和②中，a 和 b 是相同的数，所以它们是可以相互代替、相互抵消的。这就是我们所说的代入消元法和加减消元法。

“这样看来，在一开始解方程组的时候，我们就已经把未知数 x、y、z 等看作是方程组的解了，尽管我们还不知道它们的值到底等于多少。在这个前提下，用代入消元也好，用加减消元也好，都是对相同的 x、y、z 进行的，是合理的。求出来的 x、y、z 等的值，当然就是方程组的解了。”

能用分身法解方程组吗？

解方程常用分身法，解方程组呢？

对这个问题，小于、小龚他们认为不行。理由是老师讲方程组的解法，一个是代入消元法，一个是加减消元法，都和因式分解无关。

小勇、小关他们不同意这种看法。他们举了一个例子：

$$\begin{cases} x+y=1 & ① \\ x^2+xy-6y^2=0 & ② \end{cases}$$

这个二元二次方程组，可以用代入消元法来解：

由①得 $y=1-x$，代入②，消去 y，得

$x^2+x(1-x)-6(1-x)^2=0$，

整理，$6x^2-13x+6=0$。

代入公式，$x=\dfrac{13\pm\sqrt{169-144}}{12}$，

$x_1=\dfrac{3}{2}$，$x_2=\dfrac{2}{3}$。

解得两组解：$\begin{cases}x_1=\dfrac{3}{2}\\ y_1=-\dfrac{1}{2}\end{cases}$　　$\begin{cases}x_2=\dfrac{2}{3}\\ y_2=\dfrac{1}{3}\end{cases}$

那么，能不能找到简单一点的解法呢？ 能。

观察方程②的左端：

$x^2+xy-6y^2=(x-2y)(x+3y)$，

方程组可以写成

$$\begin{cases}x+y=1\\ (x-2y)(x+3y)=0\end{cases}$$

这样，我们就可以把它拆成两个一次方程组来解：

Ⅰ $\begin{cases}x+y=1\\ x-2y=0\end{cases}$　　Ⅱ $\begin{cases}x+y=1\\ x+3y=0\end{cases}$

解Ⅰ得 $\begin{cases}x_1=\dfrac{2}{3}\\ y_1=\dfrac{1}{3}\end{cases}$　　解Ⅱ得 $\begin{cases}x_2=\dfrac{3}{2}\\ y_2=-\dfrac{1}{2}\end{cases}$

结果和代入消元法解出来的一样，可是这种解法简洁多了。

周老师补充说：“对这样的方程组

$$\begin{cases} x+y=1 & ① \\ (x-3y)(x+2y)(2x-y)=0 & ② \end{cases}$$

我们可以把②拆成三个一次方程组来解：

$$\text{Ⅰ}\begin{cases} x+y=1 \\ x-3y=0 \end{cases} \quad \text{Ⅱ}\begin{cases} x+y=1 \\ x+2y=0 \end{cases} \quad \text{Ⅲ}\begin{cases} x+y=1 \\ 2x-y=0 \end{cases}$$

很快就可以把原方程组的三组解求出来：

$$\begin{cases} x_1=\dfrac{3}{4} \\ y_1=\dfrac{1}{4} \end{cases} \quad \begin{cases} x_2=2 \\ y_2=-1 \end{cases} \quad \begin{cases} x_3=\dfrac{1}{3} \\ y_3=\dfrac{2}{3} \end{cases}$$

“这道题如果用代入消元法去解，不仅手续麻烦，而且还会出现三次方程，而一般的三次方程，你们现在还不会解。”

经老师一讲，大家统一了认识，又知道了做法，都很高兴。

老师最后总结说：“由一个一次方程和一个二次方程组成的方程组，最多有两组解。

“由一个一次方程和一个三次方程组成的方程组，最多有三组解。

“由两个二次方程组成的方程组，最多有四

组解。

“一般说来，由一个 m 次方程和一个 n 次方程组成的方程组，它的解的个数不超过 $m \times n$ 组。

“说不超过的原因是：由分身法分出来的方程，有的可能无解。”

巧解方程组

方程组并不难解，可是比方程头绪多，容易节外生枝走弯路，也容易丢三落四把答数算错。针对这种情况，今天周老师给大家讲了三种巧解方程组的方法。

（1）对这样的方程组：

$$\begin{cases} x+y=m \\ xy=n \end{cases}$$

用韦达定理解最方便。我们可以把 x 和 y，看作是一元二次方程 $z^2-mz+n=0$ 的二个根。比如

$$\begin{cases} x+y=3 \\ xy=-10 \end{cases}$$

这个方程组的 x 和 y，是方程 $z^2-3z-10=0$ 的两个根。解得 $z_1=5$，$z_2=-2$。所以方程组的解为

$$\begin{cases}x_1=5\\y_1=-2\end{cases}\qquad\begin{cases}x_2=-2\\y_2=5\end{cases}$$

对类似的方程组：

$$\begin{cases}x-y=m\\xy=n\end{cases}$$

我们可以把它变成这样的方程组来解：

$$\begin{cases}x+(-y)=m\\x(-y)=-n\end{cases}$$

对这种方程组：

$$\begin{cases}x^2+y^2=m\\xy=n\end{cases}$$

$$\begin{cases}x^2+2xy+y^2=m+2n\\xy=n\end{cases}$$

通过配方，我们可以把它们变成这样的方程组来解：

$$\begin{cases}(x+y)^2=m+2n\\xy=n\end{cases}$$

$$\begin{cases} x+y=\pm\sqrt{m+2n} \\ xy=n \end{cases}$$

(2)对这种方程组:

$$\begin{cases} x+y=10 \\ \sqrt{\dfrac{x}{y}}+\sqrt{\dfrac{y}{x}}=\dfrac{5}{2} \end{cases}$$

我们可以设$\sqrt{\dfrac{x}{y}}=z$，得$\sqrt{\dfrac{y}{x}}=\dfrac{1}{z}$。这样，第二个方程就变成$z+\dfrac{1}{z}=\dfrac{5}{2}$，得$2z^2-5z+2=0$，解得$z_1=2$，$z_2=\dfrac{1}{2}$。

由$\sqrt{\dfrac{x}{y}}=2$，得$\dfrac{x}{y}=4$，即$x=4y$;再由$\sqrt{\dfrac{x}{y}}=\dfrac{1}{2}$，得$\dfrac{x}{y}=\dfrac{1}{4}$，即$y=4x$，得到两个方程组

$$\begin{cases} x+y=10 \\ x=4y \end{cases} \qquad \begin{cases} x+y=10 \\ y=4x \end{cases}$$

解得

$$\begin{cases} x_1=8 \\ y_1=2 \end{cases} \qquad \begin{cases} x_2=2 \\ y_2=8 \end{cases}$$

（3）要是二次方程没有一次项时，比如

$$\begin{cases} x^2-xy+y^2=21 & ① \\ y^2-2xy=-15 & ② \end{cases}$$

我们可以这样来解：

5×①+7×②，使右端的常数项为 0，得

$$5x^2-19xy+12y^2=0 \qquad ③$$

因为 y 不能等于零，否则②式无意义。所以可以用 y^2 除③式，得

$$5\left(\frac{x}{y}\right)^2-19\left(\frac{x}{y}\right)+12=0。$$

解得 $\left(\frac{x}{y}\right)=3$，或者 $\left(\frac{x}{y}\right)=\frac{4}{5}$；

即 $x=3y$ 和 $x=\frac{4}{5}y$。

把 $x=3y$ 代入②式得 $y^2-6y^2=-15$，$y^2=3$，$y=\pm\sqrt{3}$，$x=\pm3\sqrt{3}$。

得前两组解 $\begin{cases} x_1=3\sqrt{3} \\ y_1=\sqrt{3} \end{cases}$ $\begin{cases} x_2=-3\sqrt{3} \\ y_2=-\sqrt{3} \end{cases}$

把 $x=\frac{4}{5}y$ 代入②式得 $y^2-\frac{8}{5}y^2=-15$，$y^2=25$，y

$=\pm 5$，$x=\pm 4$，

得后两组解$\begin{cases}x_3=4\\y_3=5\end{cases}$　$\begin{cases}x_4=-4\\y_4=-5\end{cases}$

总之，用韦达定理、代换、变换未知量，都是解方程组时常用的技巧。

一种新的方法

今天周老师讲了一种解方程组的新方法。

全部由一次方程构成的方程组，叫作线性方程组。对线性方程组，除了可以用代入消元法和加减消元法解外，还可以用矩阵的方法来解，非常方便。

用矩阵解线性方程组，要有两条规定：

一是书写顺序，从左到右，都是 x、y、z 和常数项；

一是各项之间，都看成是加号连结，“-”号表示系数是负的。比如：

$$\begin{cases}x+2y+z=4\\3x+(-5)y+3z=1\\2x+7y+(-1)z=8\end{cases}$$

在这种规定下，方程组中的未知数、加号、等号可以一律省去不写，把方程组简单地写成：

$$\begin{pmatrix}1 & 2 & 1 & 4\\3 & -5 & 3 & 1\\2 & 7 & -1 & 8\end{pmatrix}$$

在数学上，把它叫作矩阵。任何一个线性方程组，都可以用一个矩阵来表示。

矩阵中横着的叫“行”，竖着的叫“列”。每一行都代表一个方程，上式前三列表示 x、y、z 的系数，第四列表示常数项。

下面，按着加减消元法的原理，对矩阵的行进行运算。

第三行减去第一行乘 2，简记成③−2×①，得

$$\begin{pmatrix}1 & 2 & 1 & 4\\3 & -5 & 3 & 1\\0 & 3 & -3 & 0\end{pmatrix}$$

再做②-3×①，得

$$\begin{pmatrix} 1 & 2 & 1 & 4 \\ 0 & -11 & 0 & -11 \\ 0 & 3 & -3 & 0 \end{pmatrix}$$

这个矩阵所表示的，就是方程组

$$\begin{cases} x+2y+z=4 \\ -11y=-11 \\ 3y-3z=0 \end{cases}$$

由于第二个方程和第三个方程可以简化成

$$\begin{cases} x+2y+z=4 \\ y=1 \\ y-z=0 \end{cases}$$

它对应的矩阵就是

$$\begin{pmatrix} 1 & 2 & 1 & 4 \\ 0 & 1 & 0 & 1 \\ 0 & 1 & -1 & 0 \end{pmatrix}$$

这样看来，矩阵中一行有公因数，可以约简。

由上面的矩阵可以看到，在第一列中，除去第一个数不是零，其他的都是零了。

用同样方法对第二列、第三列进行运算：

$$\begin{pmatrix} 1 & 2 & 1 & 4 \\ 0 & 1 & 0 & 1 \\ 0 & 1 & -1 & 0 \end{pmatrix} \xrightarrow{①-2\times②}$$

$$\begin{pmatrix} 1 & 0 & 1 & 2 \\ 0 & 1 & 0 & 1 \\ 0 & 1 & -1 & 0 \end{pmatrix} \xrightarrow{③-②}$$

$$\begin{pmatrix} 1 & 0 & 1 & 2 \\ 0 & 1 & 0 & 1 \\ 0 & 1 & -1 & -1 \end{pmatrix} \xrightarrow{①+③}$$

$$\begin{pmatrix} 1 & 0 & 0 & 1 \\ 0 & 1 & 0 & 1 \\ 0 & 0 & -1 & -1 \end{pmatrix} \xrightarrow{-1\times③}$$

$$\begin{pmatrix} 1 & 0 & 0 & 1 \\ 0 & 1 & 0 & 1 \\ 0 & 0 & 1 & 1 \end{pmatrix}$$

这最后一个矩阵所表示的，就是方程组

$$\begin{cases} x \qquad = 1 \\ \quad y \quad = 1 \\ \qquad z = 1 \end{cases}$$

它也就是方程组的解了。

矩阵解法的优点,是按着规定的方法进行计算,一次就能够把全部解求出来。

老师说:“用矩阵解线性方程组,在科学研究中十分有用。比如天气预报,往往需要计算由几十个甚至上百个未知数组成的线性方程组,并且要求在很短的时间内解出来。在这种情况下,要是用一般方法解,很难完成任务。现在有了矩阵解法和电子计算机,就可以很快解出来,及时作出天气预报了。”

解下列方程组。

(1) $\begin{cases} x(x+y+z)=a \\ y(x+y+z)=b \\ z(x+y+z)=c \end{cases}$ $(a+b+c>0)$

(2) $\begin{cases} x+3y=10 \\ y+3z=15 \\ z+3u=10 \\ u+3x=5 \end{cases}$

(3) $\begin{cases}(x+y-1)(x-y+1)=0\\x=2y\end{cases}$

(4) $\begin{cases}(x+y)(x-y)(2x-y)=0\\(x+y-1)(x-y+2)=0\end{cases}$

(5) $\begin{cases}x+y=5\\x^2-y^2=25\end{cases}$

(6) $\begin{cases}x+y=2\\\dfrac{1}{x}+\dfrac{1}{y}=2\end{cases}$

(1)解:将题中三方程相加得

$(x+y+z)^2=a+b+c$

$x+y+z=\sqrt{a+b+c}$ ①

将①分别代入三方程得解为:

$$x=\frac{a}{\sqrt{a+b+c}}$$

$$y=\frac{b}{\sqrt{a+b+c}}$$

$$z=\frac{c}{\sqrt{a+b+c}}$$

(2)解:

$$\begin{cases} x+3y=10 & ① \\ y+3z=15 & ② \\ z+3u=10 & ③ \\ u+3x=5 & ④ \end{cases}$$

将①+②+③+④得

$4(x+y+z+u)=40$,

所以 $x+y+z+u=10$,则

$x+y=10-z-u$ ⑤

①-②×2 得

$x+y-6z=-20$ ⑥

将⑤代入⑥得

$10-z-u-6z=-20$ ⑦

由③和⑦可得

$$\begin{cases} z=4 \\ u=2 \end{cases}$$

所以$\begin{cases} x=1 \\ y=3 \end{cases}$

故原方程解为:

$$\begin{cases} x=1 \\ y=3 \\ z=4 \\ u=2 \end{cases}$$

(3)解：

$$\begin{cases} (x+y-1)(x-y+1)=0 & ① \\ x=2y & ② \end{cases}$$

将②代入①得

$(3y-1)(y+1)=0$,

所以 $y=\frac{1}{3}$ 或 $y=-1$,

则 $x=\frac{2}{3}$ 或 $x=-2$,

故方程解为 $\begin{cases} x_1=\frac{2}{3} \\ y_1=\frac{1}{3} \end{cases}$ $\begin{cases} x_2=-2 \\ y_2=-1 \end{cases}$

(4)解：

$$\begin{cases} (x+y)(x-y)(2x-y)=0 & ① \\ (x+y-1)(x-y+2)=0 & ② \end{cases}$$

由①得 $x=-y$ 或 $x=y$ 或 $x=\frac{y}{2}$,

将 $x=-y$ 代入②得 $(-1)\times(-y-y+2)=0$,

$y=1$,则 $x=-1$,

同理可得方程的其他解,所以方程的所有解为:

$$\begin{cases}x_1=-1\\y_1=1\end{cases}\quad\begin{cases}x_2=\frac{1}{2}\\y_2=\frac{1}{2}\end{cases}\quad\begin{cases}x_3=2\\y_3=4\end{cases}\quad\begin{cases}x_1=\frac{1}{3}\\y_4=\frac{2}{3}\end{cases}$$

(5)解:

$$\begin{cases}x+y=5 & ①\\x^2-y^2=25 & ②\end{cases}$$

由②得 $(x+y)(x-y)=25$ ③

$\frac{③}{②}$得 $x-y=5$ ④

由①④得解为:

$$\begin{cases}x=5\\y=0\end{cases}$$

(6)解:

$$\begin{cases}x+y=2 & ①\\\frac{1}{x}+\frac{1}{y}=2 & ②\end{cases}$$

由②得$\frac{x+y}{xy}=2$　③

将①代入③得$\frac{2}{xy}=2$，

故 $x=\frac{1}{y}$，

将 $x=\frac{1}{y}$代入①得$\frac{1}{y}+y=2$，

所以 $y=1$，则 $x=1$，

故方程的解为$\begin{cases}x=1\\y=1\end{cases}$

04

怎样列方程

列方程就是当数学翻译

小勇他们努力学方程，成绩不错。可是，谁都怕文字题、应用题。

周老师和他们唱对台戏，说："文字题、应用题有什么难呀。'要想解一个有关数目的问题，或者有关量的抽象关系的问题，只要把问题里的日常用语，译成代数用语就成了。'

"这段话是英国科学家牛顿说的。他说的'代数用语'就是方程。我们列方程，实际上是在做翻

译工作。

“我们和外国人交往，一般要请一位翻译。翻译的作用，是把汉语译成外国语，再把外国语译成汉语。

“在列方程解应用问题的时候，你们先要把日常的语言译成代数的语言，把方程列出来；解完方程之后，再把代数的语言译成日常的语言，写出答案。这有什么了不起呀。

“‘两数相加’，这是一句日常语言。翻译成代数语言，就是代数式‘$a+b$’，其中 a、b 表示两个数。

“‘$\left|\frac{a}{b}\right|=c(b\neq0)$’是一个代数式，其中 a、b、c 都表示数。把它译成日常语言，就是‘两个数的商的绝对值等于第三个数，并且除数不等于零’。

“‘某数加3是某数的三倍，求某数’。‘设某数为 x，得 $x+3=3x$’，就把这个数学问题译成为方程了。这就是列方程。解出 $x=\frac{3}{2}$，写出‘答：某数是 $\frac{3}{2}$’，这又把代数的语言，译成了日常的语言了。”

大家叽叽喳喳议论开了：“说得容易。我们宁愿多做几道式子题，也不愿意做一道应用题。”

老师哈哈笑了，说：“我发现你们做应用题，常常是费了半天劲，也没能把方程列出来；等回过头来再看题，题目给看错了。这是什么问题呀？”

“粗心。”“对文字题的理解能力差呗。”

“对。那就应该平时多练习，解题的时候，先把题看清楚，看明白。比如什么是奇数、偶数？什么是数、数字？完成任务的70%和超额完成任务

70%有什么区别？ 如此等等。

“要边看题，边把已知条件和未知量摘录下来，为列方程做好准备。 特别要注意把它们之间的关系分析清楚。

“对已知条件，一个也不能漏掉，不然的话，你就列不出方程来。”

小勇他们笑了，说道：“老师把我们的问题摸得好准啊。”

怎样设未知数？

周老师出了一道题要大家设未知数：已知三个连续整数的和是30，求这三个连续整数。

小于说：“题目要求什么，你就设什么为未知数呗。 这道题，我设最小的一个整数为x，其他两个整数是$x+1$和$x+2$。 依题意，列出方程$x+(x+1)+(x+2)=30$，得$3x+3=30$，$x=9$。”

小勇说：“我设中间那个整数为x，其他两个是$x-1$和$x+1$。 列出方程是$x+(x-1)+(x+1)=30$，即

$3x=30$，得 $x=10$。”

小于说：“啊，你这么设未知数，列出来的方程比我的简单。”

老师说：“所以啦，设未知数也有讲究。未知数设得不同，列出来的方程也不同，解起来就有麻烦和简单的不同。

“再给你们一道题：两数的差是 6，它们的平方差是 120，求这两个数。”

小勇说：“这道题设一个未知数好。”他设小数为 x，大数为 $x+6$。依题意得方程 $(x+6)^2-x^2=120$。

小于说：“这道题设两个未知数好。”他设小数为 x，大数为 y。列出方程组

$$\begin{cases} y-x=6 \\ y^2-x^2=120 \end{cases}$$

这道题是列方程解好，还是列方程组解好呢？多数同学认为列方程好，可少数同学却认为列方程组好，互不相让。

老师说：“我认为各有长处。列方程组比列方

程少绕一个弯儿，可是方程组解起来不如方程简单。一般来说，如果几个未知量之间的关系比较简单，可以考虑设一个未知数，列方程来解；要是关系复杂，就要考虑列方程组了。”说着，老师又出了一道题：

某三位数的个位数字是0；百位数字和十位数字对调，比原数小180；百位数折半，十位数字和个位数字对调，那就比原数小454。求这个数。

老师说：“这道题要求的是三位数中的百位数字和十位数字，而这两个数字间的关系比较复杂，就可以考虑设两个未知数。”

设百位数字为x，十位数字为y，所求的数就是$100x+10y+0$。再由题意得方程组

$$\begin{cases}(100x+10y)-(100y+10x)=180\\(100x+10y)-\left(100\cdot\dfrac{x}{2}+y\right)=454\end{cases}$$

列方程有窍门吗？

小勇问周老师：“列方程有窍门吗？”

老师说："如果说列方程有什么窍门的话，窍门就是一句话——找到数量间的相等关系。怎样找到这种相等关系？我有两条经验提出来供你们考虑。

"一条是从所设的未知数出发，根据题目给出的未知量和已知量的关系，先写出几个代数式；然后再利用等量关系，列出方程。下面举个例子。

"马和骡子并排走着，背上都驮着沉重的包裹。马抱怨自己的负担太重了。骡子说：'你还抱怨什么？要是从你背上拿一个包裹给我，我背上的包裹数就是你的两倍；要是从我背上拿一个包裹给你，你驮的只不过跟我一样多。'问马和骡子各驮了几个包裹？

"设骡子驮的包裹为 x 个。

"根据从骡子背上拿一个包裹给马，马和骡子驮的一样多，可以得到马驮的包裹数为 $x-2$。

"从马背上拿一个包裹给骡子以后，马背上还有 $(x-2)-1$ 个包裹，骡子背上有 $x+1$ 个包裹。

"再根据这时候骡子背上包裹数是马的两倍，可以得到等量关系：

$2[(x-2)-1]=x+1.$

解得 $x=7$，$x-2=5$，就是骡子驮 7 个包裹，马驮 5 个包裹。

“这条思路是列方程的时候经常要走的。它的特点是从局部入手，最后凑成相等的整体关系。

“另一条经验，正好和这一条思路相反。它从找出等量关系入手；再把等式的每边，拆成几个代数式；最后决定应该设什么来作未知数更合适。下面也举一个例子。

“东西两地相距 150 千米，甲乙两人骑车同时出发，相对而行。 甲比乙每小时快 1 千米，两人 6 小时后相遇。 求甲、乙的速度各是多少？

“首先，可以得出以下的等量关系：

甲 6 小时 走过的路程	+	乙 6 小时 走过的路程	=	全程 150 千米

“要是设乙的速度为 x 千米/小时，那甲的速度为$(x+1)$千米/小时，得

甲 6 小时 走过的路程	$=6(x+1)$

乙 6 小时 走过的路程	$=6x$

“这就列出了方程 $6(x+1)+6x=150$。

“再看一个问题。 瑞士著名数学家欧拉，曾提出过一个有趣的分遗产问题。

“一位父亲临死前，让他的几个儿子依次按如下方法分配他的遗产：第一个儿子分 100 元和剩下的遗产的$\frac{1}{10}$；第二个儿子分 200 元和剩下的遗产的$\frac{1}{10}$；

第三个儿子分 300 元和剩下的遗产的$\frac{1}{10}$……依此类推，最后发现这种分法好极了，因为遗产正好分完，而每个儿子又分得一样多。问这位父亲共有几个儿子，每个儿子分得多少遗产？

“这个问题比较难，上面说的两条解题思路，就应该结合使用才好。”

可以设每个儿子分得 x 元，遗产总共有 y 元。

第一个儿子分得　$x=100+\frac{y-100}{10}$,

第二个儿子分得　$x=200+\frac{y-x-200}{10}$,

第三个儿子分得　$x=300+\frac{y-2x-300}{10}$,

……

老大与老二分得遗产数一样，就有

$$100+\frac{y-100}{10}=200+\frac{y-x-200}{10}.$$

因为方程中的 y 可以消掉，所以得到一元一次方程：

$$100-\frac{x+100}{10}=0.$$

解得 $x=900$，$y=8100$。

答：老人有 8100 元遗产，9 个儿子，每个儿子分得 900 元。

经老师讲解，大家都觉得欧拉这道题又难又好解，是一道很好的文字题。

给你找三个帮手

今天，小勇他们又摆了许多列方程的困难。周老师说："我给你们找三个帮手。它们会帮助你们找到等量关系。"

第一个帮手是图示法。图示法可以帮助你分析题目中的条件，快一点找出等量关系。

比如，敌我相距 42 里，敌军每小时走 8 里，我军每小时走 12 里，同时相向行进，相距 2 里就会发生战斗，问战斗几小时后开始?

设 x 小时后战斗开始。先画出一个图来：

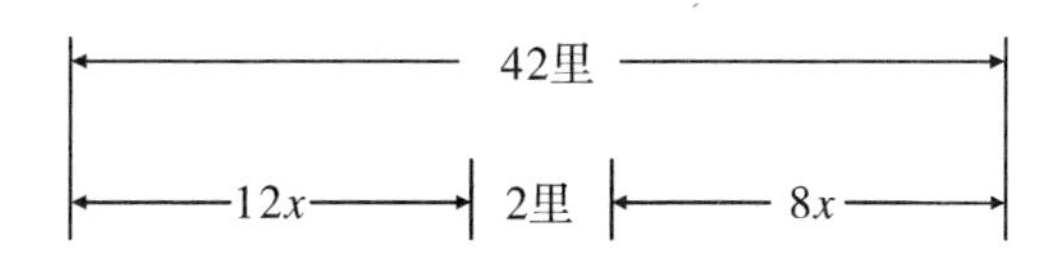

由图可以很快列出方程：

$12x+2+8x=42.$

再比如，两个矩形和一个正方形拼成一个工字形，它的面积是63平方厘米。矩形的宽和长的比为1∶3，正方形的边长等于矩形的宽，求工字形的周界。

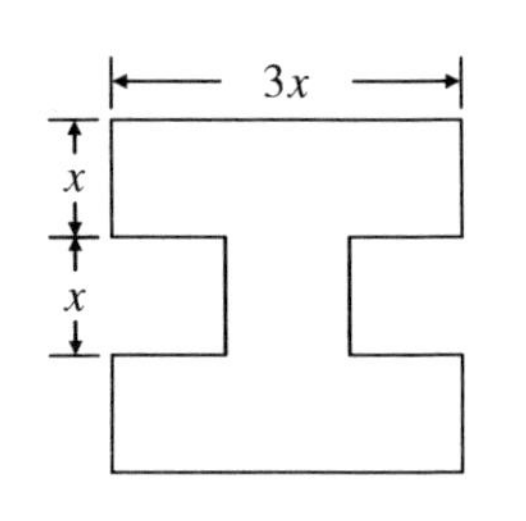

这道题要是不画图，就不太好想象。把工字形画出来，关系就明显了。

设矩形的宽为 x 厘米，一个矩形的面积为 $x\cdot 3x=3x^2$；正方形面积等于 x^2。

由图可以直接列出方程：$2(3x^2)+x^2=63$。

第二个帮手是列表法。列表法可以帮助你把题目中的错综复杂的数量关系，搞得主次分明，有条有理。

比如，一蓄水池有甲乙两管。要是单独用甲管注满水池，比单独用乙管注满水池少6小时；要是两管同时注水，4小时可以把水池注满。问甲乙两管单独注水，各需要几小时？

设蓄水池的容积为 1；再设甲管单独注满水池需要 x 小时，乙管单独注满水池需要 $x+6$ 小时。列表：

	注满时间	注入速度
甲管独注	x	$\frac{1}{x}$
乙管独注	$x+6$	$\frac{1}{x+6}$
两管齐注	4	$\frac{1}{x}+\frac{1}{x+6}$

由表中可以看出，两管同时注水的速度($\frac{1}{x}+\frac{1}{x+6}$)，乘以注满水池的时间 4 小时，应该等于蓄水池容积 1。这就可以列出方程

$$4\left(\frac{1}{x}+\frac{1}{x+6}\right)=1.$$

第三个帮手是要熟悉常见的几类应用题，掌握它们的解法。

(1)工程问题。

这类问题有三个量：时间、工作效率(也叫工作

率)和工作量。通常把全部工作量当作1。它们之间的关系是:

工作率×时间=工作量。

举个例子。一项工程，甲和乙一起做，2天完成；甲和丙一起做，3天完成；乙和丙一起做，4天完成。问各人单独去做，各需几天做完?

设全部工作量为1。再设:

甲独做需要x天，甲的工作率为$\frac{1}{x}$；

乙独做需要y天，乙的工作率为$\frac{1}{y}$；

丙独做需要z天，丙的工作率为$\frac{1}{z}$。

甲和乙一起做的工作率为$\frac{1}{x}+\frac{1}{y}$；

乙和丙一起做的工作率为$\frac{1}{y}+\frac{1}{z}$；

甲和丙一起做的工作率为$\frac{1}{x}+\frac{1}{z}$。

根据工作率×时间=工作量，可列出方程组:

$$\begin{cases}2\left(\frac{1}{x}+\frac{1}{y}\right)=1\\4\left(\frac{1}{y}+\frac{1}{z}\right)=1\\3\left(\frac{1}{x}+\frac{1}{z}\right)=1\end{cases}$$

前面讲到的注水问题，它和工程问题类似，一般也把水池容量当作 1。

注入率×时间=水池容量。

(2)流水行船问题。

在这类问题中，总是假定船和水流都是匀速运动的。 在匀速运动中，速度、时间和路程的关系是

速度×时间=路程。

流水行船有顺水和逆水两种：

顺水船速=静水中的船速+水流速度；

逆水船速=静水中的船速-水流速度。

比如，沿河两地相距 80 千米。 某船来回需要 20 小时，水流速度是每小时 3 千米。 求静水中的船速？

设静水中的船速为 x 千米/小时，可列表：

	速　度（千米/小时）	路　程（千米）	所需时间（小时）
顺　水	$x+3$	80	$\frac{80}{x+3}$
逆　水	$x-3$	80	$\frac{80}{x-3}$

由表可以看出：

$$\frac{80}{x+3}+\frac{80}{x-3}=20.$$

(3)混合物问题。

这类问题主要是找出混合物中，各物质所占重量比或者体积比。 它们的关系是

$$某物质所占的百分比=\frac{某物质的重量}{混合物的总重量}。$$

比如，甲种合金含铜 36 克，镍 54 克；乙种合金含铜 27 克，镍 9 克。问从甲乙两种合金中各取多少克，可以熔成含铜和镍各 21 克的新合金？

设从合金甲中取出 x 克，从合金乙中取出 y 克。列出表：

	重　量（克）	铜占的百分比	镍占的百分比	在新合金中所占重量（克）
合金甲	$36+54=90$	$\frac{36}{90}=\frac{2}{5}$	$\frac{3}{5}$	x
合金乙	$27+9=36$	$\frac{27}{36}=\frac{3}{4}$	$\frac{1}{4}$	y

根据表，可以列出方程组

$$\begin{cases}\frac{2}{5}x+\frac{3}{4}y=21（新合金中铜的重量）\\ \frac{3}{5}x+\frac{1}{4}y=21（新合金中镍的重量）\end{cases}$$

(4)年龄问题。

这类问题要牢牢抓住一点：每过一年，每人都增加一岁，无一例外。

比如，父子两人年龄的和是58岁，7年后，父亲的年龄是儿子的二倍。求父亲和儿子的年龄。

设父亲年龄为x岁，那儿子的年龄为$(58-x)$岁。

7年后，父亲年龄是$x+7$岁，儿子年龄是$[(58-x)+7]$岁。这时候，父亲是儿子年龄的二倍。列出方程：

$$x+7=2[(58-x)+7].$$

(5)数字问题。

对这类问题，首先要分清“数”和“数字”这两个概念。比如，231是一个三位数，它的个位数字是1，十位数字是3，百位数字是2。231可以写成$100\times2+10\times3+1$。

比如，有一个三位数，已知中间的一个数字是0，其余两个数字的和是9。如果百位数字加3，个位数字减3，那么这个数，就等于原数的百位数字

与个位数字对调后的数。 求这个数。

设百位数字为 x，个位数字为 $9-x$，这个数是 $100x+(9-x)$。

百位数字加 3、个位数字减 3 以后的数是 $100(x+3)+[(9-x)-3]$。

原数的百位数字和个位数字对调后的数是 $100(9-x)+x$。

根据题目中的相等条件，得

$100(x+3)+[(9-x)-3]=100(9-x)+x.$

再比如，有一个六位数是 $1abcde$，乘 3 之后，变成$abcde1$。求这个数。

设 $abcde=x$，得

$1abcde=100000+x$,

$abcde1=10x+1.$

列出方程 $3(100000+x)=10x+1$。

解得 $x=42857$，六位数为 142857。

老师总结说："方程应用题的类型是罗列不完的。 它们的共同特点是：利用几个量之间的联系，找出等量关系，列出含有未知数的等式来！"

要加倍小心

小勇问：“解应用问题的验根，和解方程的验根一样吗？”

周老师说：“解应用题的时候，除了要考虑方程的增根、减根之外，还要考虑实际问题的限制，所以要格外小心。”

比如，某公园要划出一块矩形的地，在它的中央布置一个矩形花坛，四周是草地。要求划出来的矩形地的长比宽多 4 米；花坛四周草地宽都是 2 米；草地面积为 24 平方米。求这块矩形地的长和宽各是多少？

设矩形地的宽为 x 米，则矩形地的长为 $x+4$ 米，矩形地的面积为 $x(x+4)$；花坛的面积为 $x(x-4)$；草地面积等于 $x(x+4)-x(x-4)$。列出方程：$x(x+4)-x(x-4)=24$，解得 $x=3$。答：矩形地的宽是 3 米。

你们看，根据题意，在这 3 米中，还应该包括

两边留出来的草地宽 4 米，原题显然是不合理的。可是 3 确实是列出来的方程的根。

总之，用方程解应用题，在解出之后，一方面要检查它是不是方程的解；另一方面还要看它是否符合题意。 两者缺一不可！

(1)父亲领着儿子去上学。父亲问老师："请告诉我，你的班有多少学生？"老师说："要是再招收现在这么多的学生，再招收现在学生数的半数，再招收现在学生数的四分之一，再加上您儿子，恰好是一百个学生。"问现在班上有多少学生？

(2)印度数学家拜斯卡拉提出过一个莲花问题：在波平如镜的湖面，高出半尺的地方长着一朵红莲。它孤零零地直立在那里，突然被风一吹歪倒到水面。有一位渔人看见，它吹离原来地方有两尺远。请你来解决一个问题，湖水在这儿有多少深浅？

(3)我国古代问题:好马每天走240里,劣马每天走150里,劣马先走12天,问好马几天可以追上劣马?

(4)尺寸是12分米×18分米的相片,计划在它的四周镶上一样宽的银边。如果要使银边的面积与相片的面积相等,银边的宽应该是多少?

(5)从少先队夏令营到城市,先下山路然后走平路。某队员骑自行车以每小时12千米的速度下山,再以每小时9千米的速度通过平路,到达城市共用55分钟;他回来的时候,以每小时8千米的速度通过平路,再以每小时4千米的速度上山,回到夏令营就用了一个半小时。问从夏令营到城市有多少千米?

(6)欧拉提出过一个卖鸡蛋的问题:两个农妇共带有100个鸡蛋,两人蛋数不等,可是,卖得的钱数相等。第一个农妇对第二个农妇说:要是把你的鸡蛋换给我,我可以卖得15元;第二个农妇说:要是把你的鸡蛋换给我,就只能卖得$6\frac{2}{3}$元。问两人各有多少鸡蛋?

(1)解:设班上有x个学生,据题意有

$$\left(1+1+\frac{1}{2}+\frac{1}{4}\right)x+1=100$$

解得$x=36$。

答:班上有36个学生。

(2)解:依据题意、作图如下,故莲花长度为

$AD+DB=CB$

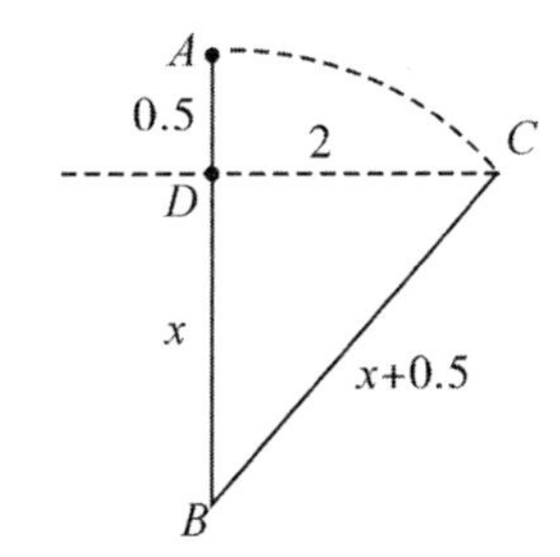

设水深为x尺,根据勾股定理有

$$x^2+2^2=(x+0.5)^2$$

解得$x=3.75$。

答:湖水深3.75尺。

(3)解:设好马 x 天可以追上劣马,有

$240x=(150\times12)+150x$

解得 $x=20$。

答:好马20天可以追上劣马。

(4)解:设银边宽为 x 分米,据题意有

$(18+2x)(12+2x)-18\times12=18\times12$

$x^2+15x-54=0$

$(x+18)(x-3)=0$

解得 $x=-18$ 或3,其中 $x=-18$ 不合实际。

答:银边宽为3分米。

(5)解:设平路有 x 千米,山路有 y 千米,据题意得

$$\begin{cases}\frac{x}{9}+\frac{y}{12}=\frac{55}{60}\\ \frac{x}{8}+\frac{y}{4}=1\frac{1}{2}\end{cases}$$

解得 $\begin{cases}x=6\\ y=3\end{cases}$

故 $x+y=6+3=9$。

答:从夏令营到城市有9千米。

(6)解:设第一个农妇有 x 个鸡蛋,则第二个农妇有$(100-x)$个鸡蛋,由题意得

$$x \cdot \frac{15}{100-x}=(100-x) \cdot \frac{6\frac{2}{3}}{x}$$

解得 $x=40$ 或 $x=-200$,

其中 $x=-200$ 不符合实际,故舍去。

所以 $100-x=60$。

答:两人各有 40 个和 60 个鸡蛋。

古方程展览

爱刨根问底的小勇他们,不时问到方程的由来。比如,谁第一个用方程解题? 谁第一个用 x 表示未知数? 为什么叫方程? 最早的方程是什么样子的?

现在,学年就要结束了。周老师为了回答这些问题,抓紧时间,举办了一个古方程展览,自己当讲解员。

周老师说:“你们知道下面这张画表示什么吗?

“这是方程，这是三千七百年前古埃及的一道方程题。它的意思是$x(\frac{2}{3}+\frac{1}{2}+\frac{1}{7}+1)=37$，是一道一元一次方程。

“你们知道这张图是什么吗？这是九九表的一部分，是三千年前的古巴比伦人刻写在泥板上的。（见右图）

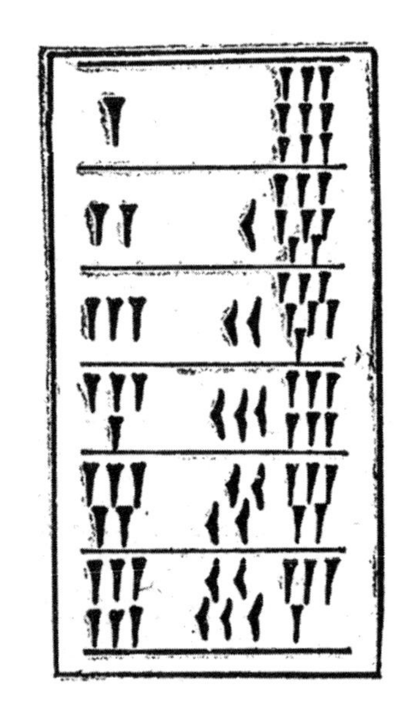

“他们用这样的符号，在泥板上刻写过一个方程：一个正方形，它的面积和它的边长的三分之二相加等于$\frac{7}{12}$，求这个正

方形的边长。 我们列出方程是：$x^2+\frac{2}{3}x=\frac{7}{12}$。 这是一道一元二次方程。 解得边长为$\frac{1}{2}$。

“问题是三千多年前的古巴比伦人，不会设未知数x，不会列方程，更没掌握求根公式，可是，他们同样能求出正方形的边长等于$\frac{1}{2}$。 他们是怎样求出来的呢？ 他们是把运算过程用话说出来：$\frac{2}{3}$的一半为$\frac{1}{3}$，把它乘以$\frac{1}{3}$，再加上$\frac{7}{12}$得$\frac{25}{36}$，$\frac{25}{36}$的平方根是$\frac{5}{6}$，再减去$\frac{1}{3}$得$\frac{1}{2}$。 这就是要求的结果。

“有趣的是，在已经发现的几道二次方程问题中，古巴比伦人的运算过程竟完全一样！ 这就使人不能不相信：他们解二次方程不是靠猜测和瞎碰，而是掌握了一套解一元二次方程的方法。

“这是我国古代列方阵解方程组（如右图）：

	左行	中行	右行
上等谷子	𝍠	𝍡	𝍢
中等谷子	𝍡	𝍢	𝍡
下等谷子	𝍢	𝍠	𝍠
收的谷子	𝍫𝍥	𝍬𝍣	𝍬𝍨
	（3）	（2）	（1）

“这道题的原题是：

> 现有上等谷子三捆，中等谷子二捆，下等谷子一捆，可收谷三十九斗；有上等谷子二捆，中等谷子三捆，下等谷子一捆，可收谷三十四斗；有上等谷子一捆，中等谷子二捆，下等谷子三捆，可收谷二十六斗。问上、中、下等谷子，一捆可收谷多少？

“这道题载于公元一世纪的《九章算术》中。因为它用列方阵解题，所以起名‘方程’。可见我国古代说‘方程’指‘方程组’，这和我们现在说的方程，含意有所不同。

“这道题让我们来做，可设 x、y、z 分别表示上、中、下等谷子一捆可收谷的斗数，由题意列出一个三元一次方程组

$$\begin{cases}3x+2y+z=39\\2x+3y+z=34\\x+2y+3z=26\end{cases}$$

“你们初见方阵，可能觉得很别扭。其实，它和前面讲过的矩阵基本上是一样的。

“方阵和矩阵，它们的出现，在时间上相差快两千年了。在那么早的年代里，我们的祖先就使用类似现代矩阵的方法解线性方程组，这表现了我国古代数学家的智慧和才干。

“这一行符号

$\delta \ \check{u} \ \overline{\alpha} \, i \, s \, s \ \overline{\beta} \ \phi \ \mu^{\sigma} \overline{\alpha}$

表示方程 $x^2=2x-1$。

“发明这种写法的，是公元三世纪的古希腊数学家刁番都。刁番都对数学的一个重要贡献，是他最先引用字母 S 来表示未知数，简化了列方程的过程。

“刁番都虽然对数学的发展做出了很大贡献，可是对于他的生平事迹，我们了解得却很少，仅有的一点材料，是来自他的墓志铭。刁番都的墓志铭是由希腊学者麦罗尔用方程形式写出来的：

过路人！这里埋着刁番都的遗骨。下面的

数目可以告诉你,他一生究竟活了多长?

他生命的六分之一是童年时代。

又活了十二分之一,颊上长起了细细的胡须。

刁番都结了婚,可是还不曾有孩子,这样又度过了一生的七分之一。

再过五年,他有了一个儿子,感到很幸福,可是命运给这孩子的生命只有他父亲的一半。

从他儿子死后,刁番都在极度的悲痛中只活

了四年就死了。

请问,刁番都一生活了多少岁?

“根据墓志铭,可设刁番都活了 x 年,列出方程 $\frac{1}{6}x+\frac{1}{12}x+\frac{1}{7}x+5+\frac{1}{2}x+4=x$。解得 $x=84$。”

小勇问:“既然刁番都是用 S 代表未知数,后来怎么用 x 来表示未知数了呢?”

老师说:“因为后来列方程组需要设几个未知数,就逐渐演变成用 x、y、z 来表示未知数了。人们还取名把 x 叫第一未知数,y 叫第二未知数,z 叫第三未知数。”

当小勇他们离开古方程展览室的时候,周老师心情激动，说：“同学们，你们就要上初三了，方程学得怎样？ 有什么意见？ 都请写下来给我好吗？”

小勇他们齐声说：“我们学得很好，感谢老师了！”

中小学科普经典阅读书系

藏在生活中的数学:张景中教你学数学	张景中
穿过地平线——李四光讲地质	李四光
偷脑的贼	潘家铮
神奇的数学	谈祥柏
谈祥柏讲神奇的数学 2	谈祥柏
桥梁史话	茅以升
大自然的语言	竺可桢
极简趣味化学史	叶永烈
叶永烈讲元素的故事	叶永烈
数学花园漫游记(名师讲解版)	马希文
爷爷的爷爷哪里来	贾兰坡
细菌世界历险记	高士其
时间的脚印	陶世龙
海洋的秘密	雷宗友
科学“福尔摩斯”	尹传红

人类童年的故事	刘后一
就是算得快	刘后一
不知道的物理世界	赵世洲
呼风唤雨的世纪	路甬祥
李毓佩:奇妙的数学世界	李毓佩
李毓佩:几何王国大冒险	李毓佩
李毓佩:神奇的方程之旅	李毓佩
五堂极简科学史课	席泽宗
原来数学这样有趣	刘薰宇
十万个为什么	(苏)米·伊林
元素的故事	(苏)依·尼查叶夫
趣味数学	(俄)别莱利曼
醒来的森林	(美)约翰·巴勒斯
地球的故事	(美)房龙
物理世界奇遇记	(美)乔治·伽莫夫
牛津教授的16堂趣味数学课	(英)大卫·艾奇逊
居里夫人与镭	(英)伊恩·格拉汉姆
达尔文与进化论	(英)伊恩·格拉汉姆